Wissenschaftliche Taschenbücher WTB

Mathematik · Physik

Harry Paul

Lasertheorie II

Akademie-Verlag · Berlin
Pergamon Press · Oxford
Vieweg & Sohn · Braunschweig

WTB Wissenschaftliche Taschenbücher

ROLF BORSDORF / MANFRED SCHOLZ
Spektroskopische Methoden in der organischen Chemie

WERNER HABERDITZL
Magnetochemie

GERHARD HEBER
Mathematische Hilfsmittel der Physik, Teil I und II

A. A. SOKOLOW
Elementarteilchen

HERBERT GOERING
Elementare Methoden zur Lösung von Differentialgleichungsproblemen

HEINZ AHRENS
Varianzanalyse

HANS-JÜRGEN TREDER
Relativität und Kosmos. Raum und Zeit in Physik, Astronomie und Kosmologie

ALBERT EINSTEIN
Grundzüge der Relativitätstheorie

ALBERT EINSTEIN
Über spezielle und allgemeine Relativitätstheorie

GÜNTHER LUDWIG
Wellenmechanik. Einführung und Originaltexte

HARRY PAUL
Lasertheorie, Teil I und II

Vorschau auf die nächsten Bände:

D. TER HAAR
Quantentheorie

EBERHARD TEUSCHER
Pharmakognosie, Teil I und II

EBERHARD HOFMANN
Eiweiße und Nucleinsäuren als biologische Makromoleküle. Dynamische Biochemie, Teil I

WTB

BAND 54

Harry Paul

Lasertheorie II

Mit 9 Abbildungen

AKADEMIE-VERLAG · BERLIN

PERGAMON PRESS · OXFORD

VIEWEG & SOHN · BRAUNSCHWEIG

Verfasser:
Dr. H. Paul
Institut für spezielle Probleme der theoretischen Physik
der Deutschen Akademie der Wissenschaften zu Berlin

1969

Lizenznummer: 202 · 100/527/69
Gesamtherstellung: VEB Druckhaus „Maxim Gorki", 74 Altenburg
Bestellnummer: Akademie-Verlag 7054 · ES 18 B 6/7
Pergamon Press 08 0068456
Vieweg & Sohn 6053
Printed in German Democratic Republic

Inhaltsverzeichnis

5. Vollständig quantenmechanische Theorie des Lasers

5.1. *Quantenmechanische Beschreibung des Strahlungsfeldes und der Atome im* HEISENBERG-*Bild*

In Band I, Abschn. 1.2 wurde bereits der formale Apparat zur quantenmechanischen Beschreibung des elektromagnetischen Feldes kurz geschildert, soweit er für unsere Untersuchungen von Bedeutung ist. Wir stellen die wichtigsten Formeln noch einmal zusammen.

Den Eigenschwingungen λ des Strahlungsfeldes werden Photonenerzeugungs- und -vernichtungsoperatoren q_λ^+ bzw. q_λ zugeordnet, die den Vertauschungsrelationen

$$[q_\lambda, q_{\lambda'}] = [q_\lambda^+, q_{\lambda'}^+] = 0, \quad [q_\lambda, q_{\lambda'}^+] = \delta_{\lambda\lambda'}\,\mathbf{1} \tag{1.1}$$

genügen (s. Gln. (2.18), Kapitel 1). Der HAMILTON-Operator für das (freie) Strahlungsfeld lautet nach Gl. (2.19), Kapitel 1,

$$H^S = \sum_\lambda \hbar\,\omega_\lambda q_\lambda^+ q_\lambda, \tag{1.2}$$

und der Operator der elektrischen Feldstärke drückt sich gemäß Gl. (2.25), Kapitel 1, in der Form

$$\boldsymbol{E}(\boldsymbol{r}, t) = \sum_\lambda \left(\boldsymbol{a}_\lambda(\boldsymbol{r}, t)\, q_\lambda + \boldsymbol{a}_\lambda^*(\boldsymbol{r}, t)\, q_\lambda^+\right) \tag{1.3}$$

durch die Vernichtungs- und Erzeugungsoperatoren aus.

In Gl. (1.3) hängt der Operator $\boldsymbol{E}$ über die klassischen Vektorpotentiale von der Zeit ab, während die Operatoren q_λ, q_λ^+ als zeitlich konstant anzusehen sind. Im HEISENBERG-Bild ist es konsequenter, die Zeitabhängigkeit von $\boldsymbol{E}$ den Erzeugungs- und Vernichtungsoperatoren zuzuschreiben, denn für letztere läßt sich ja eine Bewegungsgleichung angeben. Für q_λ beispielsweise gilt

$$\dot{q}_\lambda = \frac{i}{\hbar} [H^S, q_\lambda] = - i\omega_\lambda q_\lambda, \tag{1.4}$$

woraus sofort

$$q_\lambda(t) = q_\lambda(0)\, e^{-i\omega_\lambda t} \tag{1.5}$$

als Lösung folgt. Wir fassen daher in Gl. (1.3) zweckmäßig den Faktor $\exp\{-i\omega_\lambda t\}$ von $\boldsymbol{a}_\lambda(\boldsymbol{r}, t)$ (s. Gl. (2.25), Kapitel 1) mit dem (zeitunabhängigen) Operator q_λ zu $q_\lambda(t)$ zusammen und tun das Entsprechende im Fall des Erzeugungsoperators, d. h., wir schreiben

$$\boldsymbol{E}(\boldsymbol{r}, t) = \sum_\lambda \left(\boldsymbol{a}_\lambda(\boldsymbol{r})\, q_\lambda(t) + \boldsymbol{a}_\lambda^*(\boldsymbol{r}) q_\lambda^\dagger(t)\right) \tag{1.3'}$$

(mit $\boldsymbol{a}_\lambda(\boldsymbol{r}) \equiv \boldsymbol{a}_\lambda(\boldsymbol{r}, t = 0)$).

Während die Gleichungen (1.3) und (1.3′) für ein freies Feld offenbar identisch sind, kommt im Fall eines wechselwirkenden Feldes, mit dem wir uns ja im folgenden beschäftigen wollen, nur die Darstellung (1.3′) für den Operator der elektrischen Feldstärke in Frage. Es gilt dann ja keine einfache Beziehung der Form (1.5) mehr, da die Bewegungsgleichung (1.4) durch Zusatzterme kompliziert wird, was dazu führt, daß $q_\lambda(t)$ nicht nur vom Anfangswert $q_\lambda(0)$, sondern auch von den Operatoren des angekoppelten Systems abhängt.

Wir betrachten nun die Wechselwirkung des Strahlungsfeldes mit (als ruhend angenommenen) Atomen, die wir durch den Index μ kennzeichnen wollen. Setzen wir voraus, daß jeweils nur ein Atomelektron an dieser Wechselwirkung teilnimmt, so können wir nach Gl. (2.34), Kapitel 1, für den Wechselwirkungsoperator in Dipolnäherung den folgenden Ausdruck verwenden

$$H^W = -\sum_\mu e\boldsymbol{r}_\mu \boldsymbol{E}(\boldsymbol{r} = \boldsymbol{r}_\mu^0) \equiv -\sum_\mu \boldsymbol{D}_\mu \boldsymbol{E}(\boldsymbol{r} = \boldsymbol{r}_\mu^0) \tag{1.6}$$

($\boldsymbol{r}_\mu$, $\boldsymbol{D}_\mu$ Operator für den Ortsvektor bzw. das elektrische Dipolmoment des interessierenden, im μ-ten Atom gebundenen Elektrons; $\boldsymbol{r}_\mu^0$ Schwerpunkt des μ-ten Atoms).

Den ungestörten HAMILTON-Operator für das an der Wechselwirkung beteiligte Elektron des μ-ten Atoms – im folgenden kurz HAMILTON-Operator des μ-ten Atoms genannt – bezeichnen wir mit H_μ^A. Er ist im einfachsten Fall von der Form

$$H_\mu^A = \frac{\boldsymbol{p}_\mu^2}{2m} + V_\mu(\boldsymbol{r}_\mu) \tag{1.7}$$

mit $\boldsymbol{p}_\mu$ als Impulsoperator des Elektrons und $V_\mu(\boldsymbol{r}_\mu)$ als (durch den Kern und die restlichen Elektronen bedingter) potentieller Energie. Seine genaue Gestalt ist aber, wie sich zeigen wird, für das Weitere ohne Bedeutung.

Da wir direkte Wechselwirkungen zwischen den Atomen in guter Näherung vernachlässigen können, lautet der ungestörte HAMILTON-Operator für das System der Atome einfach

$$H^A = \sum_\mu H_\mu^A . \tag{1.8}$$

Der Gesamt-HAMILTON-Operator für das aus dem Strahlungsfeld und den Atomen bestehende System ist damit nach Gln. (1.2), (1.6) und (1.8) gegeben durch

$$\begin{aligned} H_{\text{tot}} &\equiv H^S + H^A + H^W \\ &= \sum_\lambda \hbar\omega_\lambda q_\lambda^\dagger q_\lambda + \sum_\mu H_\mu^A - \sum_\mu \boldsymbol{D}_\mu \boldsymbol{E}(\boldsymbol{r} = \boldsymbol{r}_\mu^0) . \end{aligned} \tag{1.9}$$

In dieser Form ist der Gesamt-HAMILTON-Operator jedoch nicht sehr geeignet für eine explizite Behandlung des Wechselwirkungsproblems im HEISENBERG-Bild, mit der wir uns beschäftigen wollen. Aus formalen Gründen wäre es vielmehr vorteilhaft, wenn man auch die Atome durch eine Art von Erzeugungs- und Vernichtungsoperatoren beschreiben könnte, wobei im besonderen der ungestörte HAMILTON-Operator H^A für die Atome von gleicher Gestalt wäre wie der für das Strahlungsfeld[1]). Dies läßt sich in der Tat mit Hilfe der sogenannten zweiten Quantisierung erreichen, die wir zunächst durchführen wollen.

Wir berechnen zu diesem Zweck zuerst den Erwartungswert von H_{tot} bezüglich einer Wellenfunktion für die Atome (allein), die wir als ein direktes Produkt

$$\psi_A = \prod_\mu \psi^{(\mu)} \tag{1.10}$$

von Ein-Elektronenfunktionen ansetzen. (Da die einzelnen Atome weit voneinander entfernt sind, ist eine Antisymmetrisierung der Wellenfunktion nicht erforderlich.) Nach (1.9) können wir dann schreiben

$$\begin{aligned}\langle\psi_A|H_{\text{tot}}|\psi_A\rangle = H^S &+ \sum_\mu \langle\psi^{(\mu)}|H_\mu^A|\psi^{(\mu)}\rangle \\ &- \sum_\mu \langle\psi^{(\mu)}|\boldsymbol{D}_\mu|\psi^{(\mu)}\rangle\, \boldsymbol{E}(\boldsymbol{r} = \boldsymbol{r}_\mu^0)\,.\end{aligned} \tag{1.11}$$

Entwickeln wir die Wellenfunktion $\psi^{(\mu)}$ für das an der Wechselwirkung beteiligte Elektron des μ-ten Atoms nach den Eigenfunktionen $\varphi_j^{(\mu)}$ des ungestörten HAMILTON-Operators H_μ^A in der Form

$$\psi^{(\mu)} = \sum_j a_j^{(\mu)} \varphi_j^{(\mu)} \tag{1.12}$$

(gehen also zur H^A-Darstellung über), so erhalten wir, wenn wir die Eigenwerte von H_μ^A mit $\hbar\,\varepsilon_j^{(\mu)}$ bezeichnen, die Beziehung

$$\langle\psi^{(\mu)}|H_\mu^A|\psi^{(\mu)}\rangle = \sum_j \hbar\,\varepsilon_j^{(\mu)}\, a_j^{(\mu)*}\, a_j^{(\mu)}. \tag{1.13}$$

---

[1]) Durch Bildung passender Linearkombinationen kann man zwar in jedem Fall leicht von den Operatoren $\boldsymbol{r}_\mu$ und $\boldsymbol{p}_\mu$ zu Operatoren Q_μ, Q_μ^+ übergehen, die den Vertauschungsrelationen (1.1) genügen; der HAMILTON-Operator H_μ^A ist jedoch nur im Spezialfall des harmonischen Oszillators von der Form $E_\mu\, Q_\mu^+\, Q_\mu$ + const.

Für das Matrixelement des Dipoloperators $\boldsymbol{D}_\mu$ ergibt sich

$$\langle \psi^{(\mu)} | \boldsymbol{D}_\mu | \psi^{(\mu)} \rangle = \sum_{jj'} \langle \varphi_j^{(\mu)} | \boldsymbol{D}_\mu | \varphi_{j'}^{(\mu)} \rangle \, a_j^{(\mu)*} \, a_{j'}^{(\mu)} . \tag{1.14}$$

Wir gelangen daher unter Beachtung von Gl. (1.3') zu folgender Darstellung für den Erwartungswert des Wechselwirkungsoperators H^W

$$\langle \psi_A | H^W | \psi_A \rangle = \sum_{\mu j j' \lambda} \hbar \, k_{jj'\lambda}^{(\mu)} a_j^{(\mu)*} a_{j'}^{(\mu)} q_\lambda + \text{Herm. Adj.}, \tag{1.15}$$

wobei mit $k_{jj'\lambda}^{(\mu)}$ die effektive Kopplungskonstante

$$k_{jj'\lambda}^{(\mu)} \equiv -\frac{1}{\hbar} \langle \varphi_j^{(\mu)} | \boldsymbol{D}_\mu | \varphi_{j'}^{(\mu)} \rangle \, \boldsymbol{a}_\lambda(\boldsymbol{r}_\mu^0) \tag{1.16}$$

abgekürzt wurde.

Damit schreibt sich der Erwartungswert (1.11) schließlich in der Form

$$\langle \psi_A | H_{\text{tot}} | \psi_A \rangle = H^S + \sum_{\mu j} \hbar \, \varepsilon_j^{(\mu)} a_j^{(\mu)*} a_j^{(\mu)} + \left\{ \sum_{\mu j j' \lambda} \hbar \, k_{jj'\lambda}^{(\mu)} a_j^{(\mu)*} a_{j'}^{(\mu)} q_\lambda + \text{Herm. Adj.} \right\} . \tag{1.17}$$

Wir nehmen nun die zweite Quantisierung vor; das bedeutet, wir tun so, als ob die Wellenfunktion ψ_A ein *klassisches* Feld beschriebe, das quantisiert werden soll. In der verwendeten H^A-Darstellung wird ψ_A durch die Entwicklungskoeffizienten $a_j^{(\mu)}$ repräsentiert; die Quantisierung von ψ_A läuft daher auf die Ersetzung dieser Koeffizienten durch Operatoren hinaus. Wir fassen somit die Größen $a_j^{(\mu)}$ und $a_j^{(\mu)*}$ von nun an als Operatoren auf (und schreiben $a_j^{(\mu)+}$ an Stelle von $a_j^{(\mu)*}$). Dabei erhebt sich die Frage, welche Vertauschungsregeln man für diese neuen Operatoren anzusetzen hat. Wir orientieren uns dazu an dem Ausdruck (1.13) für den ungestörten HAMILTON-Operator der Atome. Da bei einer Energiemessung nur die Werte $\hbar\varepsilon_j^{(\mu)}$ gefunden werden können, kommen wir zu der notwendigen Bedingung, daß die Größe $a_j^{(\mu)+}a_j^{(\mu)}$, die offenbar der Besetzungszahl für das Niveau j des μ-ten Atoms korrespondiert, nur die Eigenwerte 0 und 1 besitzen darf. Damit entfällt zugleich die Möglichkeit, daß die Operatoren $a_j^{(\mu)}$, $a_j^{(\mu)+}$ in gleicher Weise wie die Photonenvernichtungs- und -erzeugungsoperatoren quantisiert werden, denn dann träten alle nichtnegativen ganzen Zahlen als Eigenwerte von $a_j^{(\mu)+}a_j^{(\mu)}$ auf. Wir müssen vielmehr die Quantisierungsvorschrift für Teilchen, die der FERMI-Statistik genügen (s. z. B. [65]) verwenden, d. h. die Kommutatoren in Gln. (1.1) durch die Antikommutatoren ersetzen[1])

$$\{a_j^{(\mu)}, a_{j'}^{(\mu)}\} = \{a_j^{(\mu)+}, a_{j'}^{(\mu)+}\} = 0, \{a_j^{(\mu)}, a_{j'}^{(\mu)+}\} = \delta_{jj'}\mathbf{1}. \quad (1.18)$$

Wegen des Fehlens einer direkten Wechselwirkung zwischen den Atomen sind Operatoren, die sich auf verschiedene Atome beziehen, als vertauschbar anzusehen.

In der Tat führen die Vertauschungsrelationen (1.18) zu einer Beschränkung der Eigenwerte der Besetzungszahloperatoren $\hat{N}_j^{(\mu)} \equiv a_j^{(\mu)+}a_j^{(\mu)}$ auf die Zahlen 0 und 1. Man erhält ja unter Berücksichtigung von Gln. (1.18)

$$\begin{aligned}\left(\hat{N}_j^{(\mu)}\right)^2 &= a_j^{(\mu)+}a_j^{(\mu)}a_j^{(\mu)+}a_j^{(\mu)} = a_j^{(\mu)+}\left(\mathbf{1} - a_j^{(\mu)+}a_j^{(\mu)}\right)a_j^{(\mu)} \\ &= a_j^{(\mu)+}a_j^{(\mu)} = \hat{N}_j^{(\mu)},\end{aligned} \quad (1.19)$$

und da die gleiche Beziehung von den Eigenwerten $n_j^{(\mu)}$ des Operators $\hat{N}_j^{(\mu)}$ befriedigt werden muß, folgt sofort die Behauptung.

Zur Vereinfachung der Rechnung idealisieren wir nun die Atome durch Zwei-Niveau-Systeme; das bedeutet, wir nehmen an, daß durch das Strahlungsfeld Übergänge zwischen zwei Niveaus $j = 1$ und $j = 2$ verursacht

---

[1]) Man beachte, daß die aus den Vertauschungsregeln folgende Beziehung $(a_j^{(\mu)})^2 = 0$ *nicht* $a_j^{(\mu)} = 0$ impliziert!

werden und die — durch den Pumpprozeß bedingte — (mittlere) Verweilzeit der Elektronen in anderen Niveaus vernachlässigbar klein ist gegenüber der Zeit, in der das Elektron an der Wechselwirkung mit dem elektromagnetischen Feld beteiligt ist. Wir haben es dann, wenn wir ein bestimmtes Atom ins Auge fassen (und den Index μ der Bequemlichkeit halber nicht mitschreiben), mit zwei Operatoren $\hat{N}_1$ und $\hat{N}_2$ zu tun, deren simultane Eigenzustände nach dem Obigen durch die möglichen Zahlenkombinationen n_1, n_2 $(n_j = 0, 1)$ zu charakterisieren sind und die wir deshalb mit $\psi(n_1, n_2)$ bezeichnen wollen. Die Operatoren a_j, a_j^+ lassen sich dann folgendermaßen realisieren (vgl. z. B. [65])

$$\begin{aligned} a_1 \psi(n_1, n_2) &= n_1 \psi(1 - n_1, n_2), \\ a_1^+ \psi(n_1, n_2) &= (1 - n_1) \psi(1 - n_1, n_2), \\ a_2 \psi(n_1, n_2) &= (-1)^{n_1} n_2 \, \psi(n_1, 1 - n_2), \\ a_2^+ \psi(n_1, n_2) &= (-1)^{n_1} (1 - n_2) \psi(n_1, 1 - n_2). \end{aligned} \tag{1.20}$$

Die formale Wirkungsweise der Operatoren a_j^+, a_j ist somit folgendermaßen zu kennzeichnen: Der Operator a_j^+ stellt eine Besetzung eines vorher „leeren“ Niveaus her, und der Operator a_j macht umgekehrt eine vorhandene Besetzung wieder rückgängig.

Nun sind allerdings für die von uns betrachtete Situation nicht alle Zustände $\psi(n_1, n_2)$ physikalisch sinnvoll. Wir haben ja ein einziges Elektron zu beschreiben, das bei einer Energiemessung entweder im Niveau $j = 1$ oder im Niveau $j = 2$ vorgefunden wird, und diese beiden Möglichkeiten entsprechen den Zuständen $\psi(1, 0)$ und $\psi(0, 1)$. Die übrigen Zustände $\psi(0, 0)$ und $\psi(1, 1)$ sind somit aus der Betrachtung auszuschließen. Wir brauchen nur vorauszusetzen, daß der Zustand des Elektrons im Anfangszeitpunkt durch eine Linearkombination aus den Eigenvektoren $\psi(1, 0)$ und $\psi(0, 1)$ repräsentiert wird; da der Wechselwirkungsoperator (1.15), wie man leicht nachprüft, den von den Vektoren $\psi(1,0)$ und $\psi(0,1)$ aufgespannten Teil-Hilbert-Raum $\boldsymbol{H}'$ invariant läßt, gilt dasselbe auch für alle späteren Zeiten.

Nun sind die bei der Wechselwirkung mit dem Strahlungsfeld stattfindenden elementaren Akte Übergänge des Elektrons von einem Niveau in das andere. Es ist daher zweckmäßig, diesen Prozessen jeweils einen einzigen Operator zuzuordnen. Das bedeutet, wir führen an Stelle der Operatoren $a_j^{(\mu)}$, $a_j^{(\mu)+}$ neue Operatoren

$$a_\mu \equiv a_1^{(\mu)+} a_2^{(\mu)}, \qquad a_\mu^+ \equiv a_2^{(\mu)+} a_1^{(\mu)} \tag{1.21}$$

ein. (Tatsächlich treten auch gerade diese Operatoren im Wechselwirkungsoperator (1.15) auf.)

Offenbar beschreibt der Operator a_μ, wenn wir das Niveau 2 als das obere ansehen, einen Übergang von dem höheren in das tiefere Niveau und der Operator a_μ^+ einen Übergang in umgekehrter Richtung.

Nun gilt in dem für unser Problem allein bedeutungsvollen Teil-Hilbert-Raum, der sich (in Form eines direkten Produktes) aus den oben erwähnten Teilräumen $\boldsymbol{H}'$ für die einzelnen Atome zusammensetzt,

$$\hat{N}_1^{(\mu)} + \hat{N}_2^{(\mu)} \equiv a_1^{(\mu)+} a_1^{(\mu)} + a_2^{(\mu)+} a_2^{(\mu)} = \mathbf{1}, \tag{1.22}$$

und wir können unter Verwendung dieser Gleichung sowie der Vertauschungsrelationen (1.18) auch die Besetzungszahloperatoren $\hat{N}_1^{(\mu)}$ und $\hat{N}_2^{(\mu)}$ in einfacher Weise durch die neuen Operatoren a_μ und a_μ^+ ausdrücken. Wir können nämlich schreiben

$$\begin{aligned} a_\mu a_\mu^+ &= a_1^{(\mu)+} a_2^{(\mu)} a_2^{(\mu)+} a_1^{(\mu)} = a_1^{(\mu)+} a_1^{(\mu)} a_2^{(\mu)} a_2^{(\mu)+} \\ &= a_1^{(\mu)+} a_1^{(\mu)} (\mathbf{1} - a_2^{(\mu)+} a_2^{(\mu)}) = (a_1^{(\mu)+} a_1^{(\mu)})^2 = \hat{N}_1^{(\mu)}, \end{aligned} \tag{1.23}$$

und in analoger Weise ergibt sich die Beziehung

$$a_\mu^+ a_\mu = \hat{N}_2^{(\mu)}. \tag{1.24}$$

Gemäß Gl. (1.22) genügen damit die Operatoren a_μ, a_μ^+ der Vertauschungsrelation

$$\{a_\mu, a_\mu^+\} \equiv a_\mu a_\mu^+ + a_\mu^+ a_\mu = 1. \tag{1.25}$$

Man rechnet ohne Mühe nach, daß auch die Beziehungen

$$\{a_\mu, a_\mu\} \equiv 2a_\mu^2 = 0, \quad \{a_\mu^+, a_\mu^+\} \equiv 2a_\mu^{+2} = 0 \tag{1.26}$$

erfüllt sind. Die Operatoren a_μ^+, a_μ haben somit die gleichen formalen Eigenschaften wie die obigen Operatoren $a_j^{(\mu)+}$, $a_j^{(\mu)}$. Sie unterscheiden sich von den letzteren nur durch die physikalische Interpretation. Das, was sie bewirken bzw. rückgängig machen, ist eine Anregung des gesamten Zwei-Niveau-Systems, während es sich im Fall der Operatoren $a_j^{(\mu)+}$, $a_j^{(\mu)}$ um die Besetzung eines Atomniveaus handelt.

Mit Hilfe der Gln. (1.23) und (1.24) können wir auch den ungestörten Hamilton-Operator (1.13) für die Atome leicht auf die neuen Operatoren (1.21) umschreiben. Dabei ist es günstig, den Nullpunkt der Energiezählung jeweils in die Mitte zwischen die beiden Niveaus $\hbar\varepsilon_1^{(\mu)}$ und $\hbar\varepsilon_2^{(\mu)}$ zu legen. (Eine additive Konstante im Gesamt-Hamilton-Operator ist ja physikalisch bedeutungslos.) Aus (1.13) ergibt sich so unter Verwendung von (1.25)

$$\mathscr{H}^A = \sum_\mu \frac{1}{2}\hbar\varepsilon_\mu (a_\mu^+ a_\mu - a_\mu a_\mu^+) \tag{1.27}$$

mit

$$\varepsilon_\mu = \varepsilon_2^{(\mu)} - \varepsilon_1^{(\mu)}. \tag{1.28}$$

Wegen des Bestehens der Vertauschungsrelation (1.25) kann der Operator $\mathscr{H}^A$ in verschiedener Form dargestellt werden. In Gl. (1.27) wurde die Schreibweise zweckmäßig so gewählt, daß die Operatoren a_μ, a_μ^+ nur in der Kombination

$$\sigma_\mu = a_\mu^+ a_\mu - a_\mu a_\mu^+ \equiv [a_\mu^+, a_\mu] \tag{1.29}$$

auftreten, die auf Grund von Gln. (1.23) und (1.24) gerade die Inversion des μ-ten Atoms repräsentiert.

Berücksichtigen wir schließlich im Wechselwirkungsoperator gemäß Gl. (1.15) nur diejenigen Prozesse, die mit dem Energiesatz verträglich sind (bei denen also ein Übergang des Elektrons vom oberen in das untere Niveau mit der Erzeugung — und nicht mit der Vernichtung! — eines Photons Hand in Hand geht und ein Übergang umgekehrter Richtung mit der Vernichtung eines Photons verknüpft ist), was der „rotating wave approximation" der semiklassischen Theorie entspricht, und beachten wir, daß wegen des Verschwindens von $\langle \varphi_j^{(\mu)} | \boldsymbol{D}_\mu | \varphi_j^{(\mu)} \rangle$ (s. Abschn. 1.2) $k_{jj\lambda}^{(\mu)} = 0$ gilt, so gelangen wir endgültig zu folgender Darstellung für den Gesamt-Hamilton-Operator

$$\mathcal{H} = \frac{1}{2} \sum_\mu \hbar \varepsilon_\mu \sigma_\mu + \sum_\lambda \hbar \omega_\lambda q_\lambda^+ q_\lambda + \sum_{\mu\lambda} (\hbar k_\lambda^{(\mu)*} a_\mu^+ q_\lambda + \text{Herm. Adj.}) \qquad (k_\lambda^{(\mu)} \equiv k_{21\lambda}^{(\mu)*}). \quad (1.30)$$

Wir gehen nun zu den Bewegungsgleichungen für die verschiedenen Operatoren über. Bekanntlich genügt allgemein ein (nicht explizit von der Zeit abhängiger) Operator A der Differentialgleichung

$$\dot{A} = \frac{i}{\hbar} [\mathcal{H}, A]. \quad (1.31)$$

Durch Anwendung dieser Regel erhalten wir im einzelnen

$$\dot{q}_\lambda^+ = i \omega_\lambda q_\lambda^+ + i \sum_\mu k_\lambda^{(\mu)*} a_\mu^+ \quad (1.32)$$

sowie

$$\dot{a}_\mu^+ = \frac{i}{2} \varepsilon_\mu [\sigma_\mu, a_\mu^+] + i \sum_\lambda k_\lambda^{(\mu)} [a_\mu, a_\mu^+] \, q_\lambda^+ . \quad (1.33)$$

Nun gelten wegen Gln. (1.26) die Beziehungen

$$[a_\mu^+ a_\mu, a_\mu^+] = a_\mu^+ a_\mu a_\mu^+, \; [a_\mu a_\mu^+, a_\mu^+] = -a_\mu^+ a_\mu a_\mu^+, \quad (1.34)$$

aus denen offenbar

$$[\sigma_\mu, a_\mu^+] = 2 a_\mu^+ a_\mu a_\mu^+ = 2 a_\mu^+ (1 - a_\mu^+ a_\mu) = 2 a_\mu^+ \quad (1.35)$$

folgt. Wir können daher, wenn wir noch Gl. (1.29) beachten, Gl. (1.33) vereinfachen zu

$$\dot{a}_\mu^+ = i \varepsilon_\mu a_\mu^+ - i \sum_\lambda k_\lambda^{(\mu)} \sigma_\mu q_\lambda^+ . \quad (1.36)$$

Da die Inversion σ_μ für den Laser von großer Bedeutung ist, schreiben wir auch für sie die Bewegungsgleichung auf. Explizit ergibt sich

$$\dot{\sigma}_\mu = i \sum_\lambda k_\lambda^{(\mu)*} [a_\mu^+, \sigma_\mu] q_\lambda + \text{Herm. Adj.} \quad (1.37)$$

oder, unter Verwendung von Gl. (1.35),

$$\dot{\sigma}_\mu = -2i \sum_\lambda k_\lambda^{(\mu)*} a_\mu^+ q_\lambda + \text{Herm. Adj.} \quad (1.38)$$

Die eben hergeleiteten Bewegungsgleichungen sind nun allerdings noch nicht zur Beschreibung des Laservorganges geeignet, da sie weder den Pumpvorgang noch die Verlustmechanismen für das Strahlungsfeld und die Atome enthalten. Die Berücksichtigung der genannten Prozesse in einer quantenmechanisch konsistenten Weise kompliziert nun den mathematischen Formalismus beträchtlich. Es ist nämlich nicht statthaft, die Gleichungen (1.32) und (1.36) phänomenologisch in der Weise abzuändern, daß man zu den Größen ω_λ und ε_μ einen Imaginärteil hinzufügt (so wie wir es in Abschn. 4.1 getan haben, um pauschal den Einfluß der Relaxationsprozesse zu erfassen), weil bei einem solchen Vorgehen die Vertauschungsrelationen für die Operatoren in so starkem Maße verletzt werden, daß der Operatorcharakter der

Größen praktisch verlorengeht und man es dann de facto doch mit einer semiklassischen Theorie zu tun hat. (Eine derartige semiklassische Behandlung wurde von HAKEN und SAUERMANN [34] durchgeführt.)

Wir müssen uns daher mit dem Problem einer quantenmechanisch konsistenten Beschreibung der Verlust- und Pumpprozesse beschäftigen. Die grundsätzlichen Züge einer solchen Theorie studieren wir zunächst in dem einfachen Fall eines an einen Verlustmechanismus gekoppelten linearen harmonischen Oszillators.

5.2. Quantenmechanische Behandlung eines gedämpften harmonischen Oszillators

Charakteristisch für einen Dämpfungsvorgang ist die Irreversibilität des Prozesses. Wir denken beispielsweise an eine Eigenschwingung des Strahlungsfeldes, die in Wechselwirkung mit Atomen steht. Die Atome mögen sich dabei näherungsweise in Resonanz mit dem vorhandenen elektromagnetischen Feld befinden, so daß sie Strahlung der Kreisfrequenz ω der betrachteten Eigenschwingung absorbieren und emittieren können. Wir setzen weiterhin voraus, daß das System der Atome eine definierte Temperatur T besitzt, weshalb wir es im folgenden einfach als „Bad“ bezeichnen.

Wir erwarten dann den folgenden Dämpfungsvorgang: Ist die Eigenschwingung anfänglich stark angeregt, so findet ein Abklingen der Intensität statt, und zwar solange, bis sich ein Gleichgewicht zwischen Absorption und Emission eingestellt hat. In diesem stationären Zustand sind dann die Eigenschaften der Strahlung durch die Badgrößen (dazu gehört im besonderen die Badtemperatur) vollständig bestimmt. Der stationäre Zustand ist unabhängig vom speziellen Ausgangszustand des Strahlungsfeldes. — Wie muß nun das quantenmechanische Modell des Bades beschaffen sein, damit es einen solchen irreversiblen Vorgang zu beschreiben gestattet?

Da die quantenmechanischen (ebenso wie die klassischen) Bewegungsgleichungen generell reversibel sind, kann man zunächst allgemein sagen, daß ein praktisch irreversibles Verhalten eines Systems erst dann möglich ist, wenn sehr viele Freiheitsgrade ins Spiel kommen. (Die Wiederkehrzeit wird erst im Limes unendlich vieler Freiheitsgrade unendlich groß.) Das bedeutet also, unser Bad muß aus sehr vielen Atomen bestehen, so daß der Einfluß des Strahlungsfeldes auf das Bad in erster Näherung vernachlässigt werden kann. Darüber hinaus muß man annehmen, daß der dem interessierenden Übergang entsprechende (als scharf betrachtete) Niveauabstand nicht für alle Atome der gleiche ist (inhomogene Atomlinie); vielmehr muß eine Verteilung dieses Abstandes um den Resonanzwert vorausgesetzt werden.

Auf die letztere Forderung wird man etwa dadurch geführt, daß man das — theoretisch leicht zu überblikkende — Verhalten einer (im Verhältnis zur Zahl der im Mittel vorhandenen Photonen) kleinen Zahl von (als Zwei-Niveau-Systeme idealisierten) Atomen in einem äußeren elektromagnetischen Feld untersucht. Die Rückwirkung der Atome auf das Strahlungsfeld ist dann in der SCHRÖDINGER-Gleichung für die Atome vernachlässigbar, und wir können zur Beschreibung jedes einzelnen Atoms in guter Näherung die in Abschn. 4.1 gefundene Lösung der SCHRÖDINGER-Gleichung verwenden. Wir spezialisieren uns auf den Fall fehlender Relaxationsvorgänge (die ja per se ein irreversibles Element in die Beschreibung hineinbringen) und nehmen an, daß sich anfänglich alle Atome im tieferen Niveau befinden. Aus der Lösung (1.33′), (1.34′) in Kapitel 4 ist dann zu ersehen, daß jedes Atom periodisch Energie aus dem Strahlungsfeld aufnimmt und wieder abgibt. Da die Periodendauer bei fester Intensität des elektromagnetischen Feldes nur von der Verstimmung, also bei monochromatischer Strahlung vom Niveauabstand der Atome abhängt, haben wir ein reversibles Verhalten des Ensembles von Atomen, wenn der Niveauabstand für alle Atome der gleiche ist. Erst durch eine Verschiedenheit der Niveauabstände für die einzelnen Atome kommt es zu einer Irreversibilität des Wechselwirkungsvorganges (die Atome „pendeln“ mit verschiedener Periodendauer zwischen den beiden Niveaus hin und her, so daß die zeitliche Entwicklung des Ensembles aller Atome aperiodisch verläuft). Im Mittel absorbieren die Atome, bis sich ein Gleichgewichtszustand einstellt, bei dem die beiden Atomniveaus mit gleicher Wahrscheinlichkeit besetzt sind. — Etwas formaler kann man auch so argumentieren: Falls der Niveauabstand der Atome unscharf ist, kann man aus der Lösung der SCHRÖDINGER-Gleichung durch Mittelung des Ausdruckes für die Aufenthaltswahrscheinlichkeit über den Niveauabstand eine *zeitunabhängige* Übergangswahrscheinlichkeit pro Zeiteinheit für Absorption und Emission berechnen und damit Bilanzgleichungen aufstellen, aus denen sofort das geschilderte irreversible Verhalten folgt. Bei scharfem Niveauabstand dagegen läßt sich keine derartige Übergangswahrscheinlichkeit definieren.

Nach diesen Vorbetrachtungen wenden wir uns der mathematischen Beschreibung des Dämpfungsvorganges zu. Wir folgen dabei in der Grundkonzeption SENITZKY [67, 68].

Die eine, als angeregt vorausgesetzte Eigenschwingung des Strahlungsfeldes wird formal durch einen harmonischen Oszillator repräsentiert, und der Einfachheit halber idealisieren wir die (als ruhend gedachten) Badatome ebenfalls als (lineare) harmonische Oszillatoren. (Die Bewegungsrichtung des gebundenen Elektrons möge dabei für alle Oszillatoren mit der Richtung der — als linear polarisiert vorausgesetzten — elektrischen Feldstärke der Eigenschwingung zusammenfallen, so daß die Wechselwirkung möglichst stark wird.) Die ungestörten HAMILTON-Operatoren für die Eigenschwingung des Strahlungsfeldes und das Bad lauten dann

$$H^S = \hbar \omega q^+ q \tag{2.1}$$

und

$$H^B = \sum_\mu \hbar \varepsilon_\mu \left(b_\mu^+ b_\mu + \frac{1}{2} \mathbf{1} \right), \tag{2.2}$$

wobei die Atomoperatoren b_μ, b_μ^+ also den gleichen Vertauschungsrelationen genügen wie die Vernichtungs- und Erzeugungsoperatoren des Strahlungsfeldes (s. Gln. (1.1)). Offenbar hat die Größe $\hbar \varepsilon_\mu$ gerade die Bedeutung des Niveauabstandes. Nach dem Obigen machen wir daher die Annahme, daß die Größen ε_μ um den Resonanzwert $\varepsilon_\mu = \omega$ (gemäß einer — in der Nähe der Resonanzstelle schwach veränderlichen — Verteilungsfunktion $\varrho(\varepsilon)$) streuen.

Als Wechselwirkungsoperator verwenden wir wieder den Ausdruck (1.6). Beachten wir, daß der Operator für die Ortskoordinate des Elektrons im Fall eines linearen harmonischen Oszillators proportional zu $b_\mu + b_\mu^+$ ist (s. z. B. [45]), so erhalten wir in der „rotating wave approximation" für den Wechselwirkungsoperator einen Ausdruck der Form

$$H^W = \hbar \sum_\mu (k_\mu^* b_\mu^+ q + k_\mu b_\mu q^+), \tag{2.3}$$

wobei k_μ die (über ε_μ und die Schwerpunktskoordinaten des Atoms von μ abhängige) effektive Kopplungskonstante bezeichnet.

Für die Wechselwirkung ist somit nur die Kombination

$$F = \sum_\mu k_\mu b_\mu \tag{2.4}$$

aus den Atomoperatoren bedeutsam, und wir können an Stelle von Gl. (2.3) einfach schreiben

$$H^W = \hbar (F^+ q + F q^+). \tag{2.5}$$

Aus den Vertauschungsregeln (1.1) für die Atomoperatoren b_μ und b_μ^+ ergibt sich die folgende Vertauschungsrelation für die Operatoren F und F^+

$$[F, F^+] = \sum_{\mu\nu} k_\mu k_\nu^* [b_\mu, b_\nu^+] = \sum_\mu |k_\mu|^2 \cdot \mathbf{1} \equiv \alpha \mathbf{1}. \tag{2.6}$$

Wir stellen nun die HEISENBERGschen Bewegungsgleichungen für die Operatoren auf. Offenbar gilt

$$\dot{q}^+ = \frac{i}{\hbar}[H^S, q^+] + \frac{i}{\hbar}[H^W, q^+] = i\omega q^+ + iF^+ \tag{2.7}$$

und

$$\dot{F}^+ = \frac{i}{\hbar}[H^B, F^+] + \frac{i}{\hbar}[H^W, F^+] = \frac{i}{\hbar}[H^B, F^+] + i\alpha q^+. \tag{2.8}$$

Der Kommutator $[H^B, F^+]$ läßt sich nicht durch F und F^+ ausdrücken. Um weiterzukommen, berechnen wir den Operator $H^B(t)$ (der sich ja auch unter dem Einfluß der Wechselwirkung zeitlich ändert!). Dazu steht uns die entsprechende Bewegungsgleichung zur Verfügung, die folgendermaßen lautet

$$\dot{H}^B = \frac{i}{\hbar}[H^W, H^B] = -i([H^B, F]q^+ + q[H^B, F^+]). \tag{2.9}$$

Drücken wir die hier auftretenden Kommutatoren gemäß Gl. (2.8) und der dazu hermitesch adjungierten Gleichung durch $\dot{F}^+$ und q^+ bzw. $\dot{F}$ und q aus, so entsteht die Differentialgleichung

$$\dot{H}^B = -\hbar(\dot{F}q^+ + q\dot{F}^+), \tag{2.10}$$

aus der durch Integration folgt

$$H^B(t) = H^B(0) - \hbar\int_0^t \left(\dot{F}(t_1)q^+(t_1) + q(t_1)\dot{F}^+(t_1)\right)dt_1. \tag{2.11}$$

($t = 0$ sei der Anfangszeitpunkt, in dem wir uns die Wechselwirkung „eingeschaltet" denken.)

Setzen wir nun den Ausdruck (2.11) in Gl. (2.8) ein, so erhalten wir die folgende Integro-Differentialgleichung für F^+

$$\dot{F}^+(t) = \frac{i}{\hbar}[H^B(0), F^+(t)] - i\int_0^t \left[\dot{F}(t_1)\, q^+(t_1) + q(t_1)\dot{F}^+(t_1), F^+(t)\right] dt_1 + i\alpha q^+(t). \qquad (2.12)$$

Wir können diese Gleichung natürlich nicht exakt lösen, sondern sind auf eine genäherte Behandlung angewiesen. Der erste Näherungsschritt besteht darin, daß wir die Operatoren $q(t_1)$ und $q^+(t_1)$ in Gl. (2.12) als näherungsweise kommutierbar mit $F^+(t)$ ansehen. Für $t_1 = t$ zunächst liegt exakte Vertauschbarkeit vor, da es sich um Operatoren handelt, die sich auf verschiedene Teilsysteme beziehen, und in dem Fall $t_1 < t$, mit dem wir es bei Gl. (2.12) zu tun haben, kann man folgendermaßen argumentieren: Das Bad wird (wegen seiner großen Zahl von Freiheitsgraden) durch die Einwirkung des Strahlungsfeldes nur wenig beeinflußt werden, so daß wir die Badoperatoren $F(t), F^+(t)$ näherungsweise durch die der ungestörten zeitlichen Entwicklung entsprechenden Operatoren $F^{(0)}(t)$, $F^{+(0)}(t)$ ersetzen können. Das Strahlungsfeld dagegen wird sich unter dem Einfluß des Bades beträchtlich ändern; formal bedeutet dies, die Operatoren $q(t_1)$ und $q^+(t_1)$ werden merklich von den Badoperatoren zu (aus Kausalitätsgründen!) früheren Zeiten $t' \leqq t_1$ abhängen. Das Problem der Vertauschbarkeit von $q(t_1)$ bzw. $q^+(t_1)$ mit $F^+(t)$ — und genausogut natürlich mit $F(t)$ — reduziert sich somit in der Näherung $F^+ \approx F^{+(0)}, F \approx F^{(0)}$ auf die Frage, ob zu verschiedenen Zeiten $t' (\leqq t_1 < t)$ und t gehörige ungestörte Badoperatoren miteinander kommutieren. Dies ist nun in der Tat der Fall. (Die entsprechende Aussage ist trivial für $F^{(0)}(t')$ und $F^{(0)}(t)$ sowie für $F^{+(0)}(t')$ und $F^{+(0)}(t)$, da diese Größen im ersten Fall nur von den Operatoren $b_\mu^{(0)}(t) = b_\mu(0) \exp\{-i\varepsilon_\mu t\}$ und im zweiten Fall nur von den Operatoren $b_\mu^{+(0)}(t) = b_\mu^+(0) \exp\{i\varepsilon_\mu t\}$ abhängen. Die Kommutierbarkeit der Operatoren $F^{(0)}(t')$ und $F^{+(0)}(t)$ schließlich wird unten explizit gezeigt; s. Gl. (4.4).)

Damit vereinfacht sich Gl. (2.12) näherungsweise zu

$$\dot{F}^+(t) = \frac{i}{\hbar}[H^B(0), F^+(t)] - i\int_0^t \{[\dot{F}(t_1), F^+(t)]\, q^+(t_1) + q(t_1)[\dot{F}^+(t_1), F^+(t)]\}\, dt_1 + i\alpha q^+(t). \tag{2.13}$$

Nun führen wir die entscheidende Näherung durch, indem wir auf der rechten Seite dieser Gleichung für F und F^+ die ungestörten Operatoren einsetzen. Die dann auftretenden Kommutatoren lassen sich leicht weiter ausrechnen. Zunächst gilt, da der Operator $H^{B(0)}$ bei ungestörter zeitlicher Entwicklung unabhängig von t ist,

$$\begin{aligned}\dot{F}^{+(0)}(t) &= \frac{i}{\hbar}[H^{B(0)}(t), F^{+(0)}(t)] \\ &= \frac{i}{\hbar}[H^{(B)}(0), F^{+(0)}(t)].\end{aligned} \tag{2.14}$$

(Die vorstehende Relation ist nichts anderes als die HEISENBERGsche Bewegungsgleichung für $F^{+(0)}$.) Den Kommutator $[\dot{F}^{(0)}(t_1), F^{+(0)}(t)]$ berechnen wir, indem wir auf die Definition von F (Gl. (2.4)) zurückgehen, explizit zu

$$\begin{aligned}[\dot{F}^{(0)}(t_1), F^{+(0)}(t)] &= -i\sum_{\mu\nu} k_\mu k_\nu^* \varepsilon_\mu e^{-i\varepsilon_\mu t_1 + i\varepsilon_\nu t}[b_\mu(0), b_\nu^+(0)] \\ &= -i\sum_\mu |k_\mu|^2 \varepsilon_\mu e^{i\varepsilon_\mu(t-t_1)} \cdot 1,\end{aligned} \tag{2.15}$$

und der Kommutator $[\dot{F}^{+(0)}(t_1), F^{+(0)}(t)]$ schließlich verschwindet, da sich sowohl $\dot{F}^{+(0)}(t_1)$ als auch $F^{+(0)}(t)$ nur aus Erzeugungsoperatoren $b_\mu^+(0)$ zusammensetzen, die ja sämtlich miteinander vertauschbar sind.

Damit wird aus Gl. (2.13) unter Berücksichtigung der Definition von α (s. Gl. (2.6))

$$\dot{F}^+(t) = \dot{F}^{+(0)}(t) - \int_0^t \sum_\mu |k_\mu|^2 \varepsilon_\mu e^{i\varepsilon_\mu(t-t_1)} q^+(t_1)\, dt_1 + i \sum_\mu |k_\mu|^2 q^+(t). \tag{2.16}$$

Wie man durch Differenzieren leicht nachprüft, lautet die Lösung dieser Differentialgleichung

$$F^+(t) = F^{+(0)}(t) + i \sum_\mu |k_\mu|^2 \int_0^t e^{i\varepsilon_\mu(t-t_1)} q^+(t_1)\, dt_1. \tag{2.17}$$

Für das Folgende ist es zweckmäßig, Gl. (2.17) umzuschreiben in

$$F^+(t) = F^{+(0)}(t) + i \int_0^t q^+(t_1)\, e^{i\omega(t-t_1)} \sum_\mu |k_\mu|^2 e^{i(\varepsilon_\mu-\omega)(t-t_1)}\, dt_1. \tag{2.17'}$$

Der Vorteil dieser Schreibweise besteht darin, daß wir den Ausdruck $q^+(t_1)\ \exp\{-i\omega t_1\}$ — im Gegensatz zu dem Operator $q^+(t_1)$ allein! — als zeitlich schwach veränderlich ansehen können. (Die hochfrequente ungestörte Zeitabhängigkeit von $q^+(t_1)$ wird durch den Faktor $\exp\{-i\omega t_1\}$ gerade kompensiert.)

Wir führen nun in Gl. (2.17′) die μ-Summation näherungsweise aus. Bezeichnet $\varrho(\varepsilon)\, d\varepsilon$ die Zahl der Atome, deren Niveauabstand $\hbar\varepsilon_\mu$ im Intervall $\hbar\varepsilon \ldots \hbar(\varepsilon + d\varepsilon)$ liegt, so ergibt sich unter der Voraussetzung, daß sich sowohl $\varrho(\varepsilon)$ als auch $|k_\mu|^2$ in der Nähe der Resonanzstelle $\varepsilon = \omega$ nur schwach mit dem Niveauabstand ändern,

$$\begin{aligned}\sum_\mu |k_\mu|^2 e^{i(\varepsilon_\mu-\omega)(t-t_1)} &= \int_0^\infty |k_\mu|^2 \varrho\, e^{i(\varepsilon-\omega)(t-t_1)}\, d\varepsilon \\ &\approx |k_\mu(\varepsilon_\mu = \omega)|^2 \varrho(\omega) \int_{-\infty}^\infty e^{ix(t-t_1)}\, dx = \\ &= 2\pi\, |k_\mu(\varepsilon_\mu = \omega)|^2 \varrho(\omega)\, \delta(t - t_1).\end{aligned} \tag{2.18}$$

(Falls $|k_\mu|^2$ noch vom Ort des Atoms abhängt, wie es bei stehenden Wellen der Fall ist, hat man in der vorstehenden Gleichung $|k_\mu|^2$ als räumlichen Mittelwert aufzufassen.)

Die zeitliche Integration in Gl. (2.17′) bereitet nun keine Mühe, und wir erhalten

$$F^+(t) = F^{+(0)}(t) + i\,\frac{\varkappa}{2}\,q^+(t) \tag{2.19}$$

mit der Abkürzung

$$2\pi\,|k_\mu(\varepsilon_\mu = \omega)|^2\,\varrho(\omega) = \varkappa\,. \tag{2.20}$$

(Da die δ-Funktion nur als Idealisierung einer Gewichtsfunktion mit einer endlichen Breite an der Stelle des Maximums anzusehen ist, wurde bei der Ausführung der Integration wesentlich von der oben erwähnten schwachen t_1-Abhängigkeit des Operators $q^+(t_1)\exp\{-i\omega t_1\}$ Gebrauch gemacht. Weiterhin wurde beachtet, daß die Integration nur bis zur Singularität der δ-Funktion zu erstrecken ist, so daß der Wert des Integrals nur halb so groß ist wie in dem Fall, daß über die Singularität hinweg integriert wird.)

Setzen wir schließlich die Näherungslösung (2.19) in Gl. (2.7) ein, so entsteht die folgende Differentialgleichung für den Photonenerzeugungsoperator des an das Bad gekoppelten Strahlungsfeldes

$$\dot{q}^+ = \left(i\,\omega - \frac{\varkappa}{2}\right)q^+ + i\,F^{+(0)}\,. \tag{2.21}$$

Diese erstaunlich einfache Gleichung enthält zunächst einen Dämpfungsterm $-\frac{1}{2}\varkappa\,q^+$, wie man ihn bei einer phänomenologischen Berücksichtigung des Verlustmechanismus einführen würde, was sehr befriedigend ist. Darüber hinaus — und das ist das entscheidende Ergebnis unserer Rechnung! — tritt aber ein (ungestörter)

Badoperator auf. Dieser Operator sorgt, wie wir später nachprüfen werden, für die quantenmechanische Konsistenz von Gl. (2.21), nämlich für die Erfüllung der Vertauschungsrelation für die Operatoren q und q^+; physikalisch gesprochen bringt er, wie wir unten im einzelnen sehen werden, den Einfluß des Badrauschens auf das Strahlungsfeld zum Ausdruck. Das Bad hat also zwei Funktionen, die sich nicht voneinander trennen lassen: Einerseits entzieht es dem Strahlungsfeld in irreversibler Weise Energie, bewirkt also eine Dissipation von elektromagnetischer Energie, andererseits verursacht es Fluktuationen des elektromagnetischen Feldes, d. h. spielt die Rolle einer Rauschquelle für das Strahlungsfeld.

Die letztgenannte Wirkung des Bades wird physikalisch sofort verständlich, wenn man sich vor Augen hält, daß die Absorptionsvorgänge ja statistisch sprunghaften Charakter haben und sich im besonderen der Zeit„punkt“ eines Absorptionsaktes nicht genau vorhersagen läßt. Dieser Umstand führt offenbar zu einer Unschärfe in der Photonenzahl, also zu einem Rauschen des Strahlungsfeldes.

Bevor wir weiterrechnen, wollen wir das physikalische Bild etwas verdeutlichen, das unserem Näherungsverfahren zugrunde liegt. In nullter Näherung denkt man sich das Bad unbeeinflußt von der Wechselwirkung mit dem Strahlungsfeld. Die Wirkung des Bades auf das elektromagnetische Feld führt dann noch zu keinem Dämpfungsvorgang. (Setzt man nämlich in Gl. (2.7) für F^+ die nullte Näherung ein, so ergibt sich keine Dämpfung; es kommen, wie man unter Verwendung der unten hergeleiteten Beziehung (2.24) für den Spezialfall $\varkappa = 0$ leicht ausrechnet, im Laufe der Zeit immer mehr vom Bad gelieferte „Rauschquanten“ zum Strahlungsfeld hinzu.) Erst muß die Dynamik des Bades entsprechend Gl. (2.19) durch das Strahlungsfeld ein wenig verändert werden, dann gibt die Rückwirkung des Bades auf das elektromagnetische Feld gemäß Gl. (2.21) Anlaß zu einer Dämpfung des Feldes. Im Bild der semiklassischen Theorie heißt das, im Fall eines durch keine äußere Einwirkungen gestörten Bades besitzen die Atome kein von Null verschiedenes Dipolmoment, an dem das Strahlungsfeld „angreifen“ und Arbeit leisten könnte; genauer gesprochen, die Dipolmomente der einzelnen Atome sind — wenn wir beachten, daß es sich in unserem Modell um lineare Oszillatoren handelt — mit gleicher Wahrscheinlichkeit in Richtung der elektrischen Feldstärke und in der dazu entgegengesetzten Richtung orientiert. Das elektromagnetische Feld induziert erst ein Dipolmoment in den Badatomen, das dann wieder mit dem Strahlungsfeld in Wechselwirkung tritt.

Wir integrieren nun Gl. (2.21). Dazu lösen wir zuerst die zugehörige homogene Differentialgleichung mit dem Ergebnis

$$q^+(t)_{\text{hom}} = e^{\left(i\omega - \frac{\varkappa}{2}\right)t} q^+(0) . \tag{2.22}$$

Nach der Methode der Variation der Konstanten, wie sie schon früher von uns verwendet wurde (s. Gln. (4.3 bis 4.9), Kapitel 4), bestimmen wir ein partikuläres Integral der inhomogenen Gleichung zu

$$q^+(t)_{\text{inhom}} = i \int_0^t e^{\left(i\omega - \frac{\varkappa}{2}\right)(t-t')} F^{+(0)}(t')\, dt' . \tag{2.23}$$

Die Gesamtlösung ist dann einfach die Summe der beiden Lösungen (2.22) und (2.23)

$$q^+(t) = e^{\left(i\omega - \frac{\varkappa}{2}\right)t} q^+(0) + i \int_0^t e^{\left(i\omega - \frac{\varkappa}{2}\right)(t-t')} F^{+(0)}(t')\, dt' . \tag{2.24}$$

Will man mit Hilfe dieser Formel die physikalisch interessanten Größen des Strahlungsfeldes wie $\langle q\rangle$, $\langle q^+\rangle$, $\langle q^2\rangle$, $\langle q^+q\rangle$ usf. explizit berechnen, so benötigt man offenbar die Kenntnis des Erwartungswertes der Badoperatoren $F^{(0)}$, $F^{+(0)}$ sowie der Korrelationsfunktionen $\langle F^{(0)}(t_1)\, F^{(0)}(t_2)\rangle$, $\langle F^{+(0)}(t_1)\, F^{(0)}(t_2)\rangle$ usf. Die genannten Badgrößen wollen wir daher im folgenden erst einmal ausrechnen.

5.3. *Korrelationsfunktionen für die Badoperatoren $F^{(0)}$ und $F^{+(0)}$*

Der quantenmechanische Zustand des ungestörten Bades ist, da es sich voraussetzungsgemäß im thermischen Gleichgewicht befindet, durch einen Dichteoperator W zu beschreiben, der — infolge der Unabhängigkeit der Atome — in ein direktes Produkt der entsprechenden Operatoren für die einzelnen Atome zerfällt:

$$W = \prod_\mu W_\mu . \tag{3.1}$$

Die Operatoren W_μ sind dadurch zu kennzeichnen, daß sie in der Energiedarstellung diagonal sind. Die Diagonalelemente bringen die BOLTZMANN-Verteilung zum Ausdruck und lauten daher, wenn mit $|n\rangle_\mu$ die zum n-ten Energieniveau des Oszillators μ gehörige Eigenfunktion bezeichnet wird,

$$\langle n \mid W_\mu \mid n\rangle_\mu = \frac{e^{-\frac{n\hbar\varepsilon_\mu}{k_B T}}}{Z_\mu}, \tag{3.2}$$

wobei die im Nenner stehende Zustandssumme

$$Z_\mu = \sum_n e^{-\frac{n\hbar\varepsilon_\mu}{k_B T}} \tag{3.3}$$

für die Normierung

$$Sp\, W_\mu = \sum_n \langle n \mid W_\mu \mid n\rangle_\mu = 1 \tag{3.4}$$

sorgt.[1])

---

[1]) Der Beitrag der Nullpunktsenergie des harmonischen Oszillators erscheint als Faktor $\exp\{-\hbar\varepsilon_\mu(2k_B T)^{-1}\}$ sowohl im Zähler als auch im Nenner von Gl. (3.2) und hebt sich daher heraus.

Aus dem Verschwinden der Nichtdiagonalelemente von W_μ (bezüglich der Basis $|n\rangle_\mu$) folgt dann, daß der Erwartungswert von $b_\mu^{(0)}$ und $b_\mu^{+(0)}$ gleich Null ist, denn der Erwartungswert $\langle b_\mu^{(0)}\rangle$ z. B. ist ja gegeben durch

$$\langle b_\mu^{(0)}\rangle = \sum_n \langle n \,|\, W_\mu \,|\, n\rangle_\mu \, \langle n \,|\, b_\mu^{(0)} \,|\, n\rangle_\mu , \tag{3.5}$$

und die rechte Seite dieser Gleichung verschwindet, da $b_\mu^{(0)}$ keine von Null verschiedenen Diagonalelemente besitzt. Nach Gl. (2.4) gilt dann also auch

$$\langle F^{(0)}(t)\rangle = \langle F^{+(0)}(t)\rangle = 0 . \tag{3.6}$$

Bei der Berechnung der Korrelationsfunktionen $\langle F^{(0)}(t_1)\, F^{(0)}(t_2)\rangle$, $\langle F^{+(0)}(t_1)\, F^{(0)}(t_2)\rangle$ usf. treten gemäß Gl. (2.4) Erwartungswerte der Form $\langle b_\mu^{(0)}(t_1)\, b_\nu^{(0)}(t_2)\rangle$, $\langle b_\mu^{+(0)}(t_1)\, b_\nu^{(0)}(t_2)\rangle$ usf. auf, von denen wir zunächst sagen können, daß sie für $\mu \neq \nu$ verschwinden, weil sie in diesem Fall wegen der Unabhängigkeit der Badatome als Produkt der Erwartungswerte der einzelnen Operatoren geschrieben werden können. Es sind darüber hinaus auch die Erwartungswerte $\langle b_\mu^{(0)}(t_1)\, b_\mu^{(0)}(t_2)\rangle$ und $\langle b_\mu^{+(0)}(t_1)\, b_\mu^{+(0)}(t_2)\rangle$ gleich Null, weil die Diagonalelemente der betreffenden Operatoren verschwinden. Wir können daher notieren

$$\langle F^{(0)}(t_1)\, F^{(0)}(t_2)\rangle = \langle F^{+(0)}(t_1)\, F^{+(0)}(t_2)\rangle = 0 . \tag{3.7}$$

Die Berechnung von $\langle b_\mu^{+(0)}(t_1)\, b_\mu^{(0)}(t_2)\rangle$ reduziert sich wegen $b_\mu^{(0)}(t) = \exp\{-i\varepsilon_\mu t\}\, b_\mu(0)$ und $b_\mu^{+(0)}(t) = \exp\{i\varepsilon_\mu t\}\, b_\mu^+(0)$ auf die Bestimmung des Erwartungswertes

$$\begin{aligned} \langle b_\mu^+(0)\, b_\mu(0)\rangle &= \sum_n \langle n \,|\, W_\mu \,|\, n\rangle_\mu \, \langle n \,|\, b_\mu^+(0)\, b_\mu(0) \,|\, n\rangle_\mu \\ &= \sum_n \langle n \,|\, W_\mu \,|\, n\rangle_\mu \, n , \end{aligned} \tag{3.8}$$

der nach Gl. (3.2) in der Form

$$\langle b_\mu^+(0)\, b_\mu(0)\rangle = \Big(\sum_n \eta^n\Big)^{-1} \sum_n n\eta^n \qquad \text{mit } \eta = e^{-\frac{\hbar\varepsilon_\mu}{k_BT}} \tag{3.9}$$

geschrieben werden kann.

Nun gilt bekanntlich

$$\sum_{n=0}^{\infty} \eta^n = \frac{1}{1-\eta} \tag{3.10}$$

(unter der in unserem Fall erfüllten Voraussetzung $|\eta| < 1$), und durch Differentiation und anschließende Multiplikation mit η folgt hieraus

$$\sum_n n\eta^n = \frac{\eta}{(1-\eta)^2}. \tag{3.11}$$

Damit wird aus Gl. (3.9)

$$\langle b_\mu^+(0)\, b_\mu(0)\rangle = \frac{\eta}{1-\eta} = \frac{1}{e^{\frac{\hbar\varepsilon_\mu}{k_BT}} - 1}. \tag{3.12}$$

Multiplizieren wir diese Gleichung mit $\hbar\varepsilon_\mu$, so stellt sie nichts anderes dar als den wohlbekannten Ausdruck für die mittlere Energie eines harmonischen Oszillators im thermischen Gleichgewicht.

Der noch interessierende Erwartungswert $\langle b_\mu(0)\, b_\mu^+(0)\rangle$ schließlich lautet wegen des Bestehens der Vertauschungsrelation $[b_\mu, b_\mu^+] = 1$ einfach

$$\langle b_\mu(0)\, b_\mu^+(0)\rangle = \langle b_\mu^+(0)\, b_\mu(0)\rangle + 1 = \frac{\eta}{1-\eta} + 1 = \frac{1}{1-\eta}$$
$$= \frac{e^{\frac{\hbar\varepsilon_\mu}{k_BT}}}{e^{\frac{\hbar\varepsilon_\mu}{k_BT}} - 1}. \tag{3.13}$$

Damit finden wir die folgenden Beziehungen für die übrigen Korrelationsfunktionen erster Ordnung

$$\langle F^{+(0)}(t_1)\, F^{(0)}(t_2)\rangle = \sum_\mu |k_\mu|^2\, e^{i\varepsilon_\mu(t_1-t_2)} \langle b_\mu^+(0)\, b_\mu(0)\rangle$$

$$= \sum_\mu |k_\mu|^2\, e^{i\varepsilon_\mu(t_1-t_2)} \frac{1}{e^{\frac{\hbar\varepsilon_\mu}{k_B T}} - 1}, \qquad (3.14)$$

$$\langle F^{(0)}(t_1)\, F^{+(0)}(t_2)\rangle = \sum_\mu |k_\mu|^2\, e^{\,i\varepsilon_\mu(t_2-t_1)} \langle b_\mu(0)\, b_\mu^+(0)\rangle$$

$$= \sum_\mu |k_\mu|^2\, e^{i\varepsilon_\mu(t_2-t_1)} \frac{e^{\frac{\hbar\varepsilon_\mu}{k_B T}}}{e^{\frac{\hbar\varepsilon_\mu}{k_B T}} - 1}. \qquad (3.15)$$

Nun tritt in der späteren Anwendung der Erwartungswert $\langle F^{+(0)}(t_1)\, F^{(0)}(t_2)\rangle$ stets in Verbindung mit dem Faktor $\exp\{i\omega(t_2 - t_1)\}$ auf (und entsprechend steht bei $\langle F^{(0)}(t_1)\, F^{+(0)}(t_2)\rangle$ der Faktor $\exp\{i\omega(t_1 - t_2)\}$). Wir berechnen daher gleich den Ausdruck $\langle F^{+(0)}(t_1)\, F^{(0)}(t_2)\rangle$ $\exp\{i\omega(t_2 - t_1)\}$, der sich nach Umwandlung der Summation über μ in eine Integration gemäß dem in Gl. (2.18) durchgeführten Verfahren zu

$$e^{i\omega(t_2-t_1)} \langle F^{+(0)}(t_1)\, F^{(0)}(t_2)\rangle = \varkappa\, n_{th}\, \delta(t_1 - t_2) \qquad (3.16)$$

ergibt, wobei die Größe

$$n_{th} \equiv \frac{1}{e^{\frac{\hbar\omega}{k_B T}} - 1} \qquad (3.17)$$

offenbar gerade die Bedeutung der mittleren Photonenzahl der betrachteten Eigenschwingung des Strahlungsfeldes im Fall des thermischen Gleichgewichts hat.

Entsprechend gilt

$$e^{i\omega(t_1-t_2)} \langle F^{(0)}(t_1)\, F^{+(0)}(t_2)\rangle = \varkappa(n_{th}+1)\,\delta(t_1-t_2)\,. \qquad (3.18)$$

Will man Intensitätskorrelationen des an das Bad gekoppelten Strahlungsfeldes bestimmen, so stößt man auf die folgende Korrelationsfunktion zweiter Ordnung

$$g(t_1,t_2,t_3,t_4) \equiv \langle F^{+(0)}(t_1)\, F^{+(0)}(t_2)\; F^{(0)}(t_3)\, F^{(0)}(t_4)\rangle\,, \qquad (3.19)$$

die wir daher auch noch ausrechnen wollen.

Durch Einsetzen der Entwicklung (2.4) entsteht vorerst

$$g(t_1,t_2,t_3,t_4) = \sum_{\mu\nu\varkappa\lambda} k_\mu^* k_\nu^* k_\varkappa k_\lambda\, e^{i(\varepsilon_\mu t_1+\varepsilon_\nu t_2-\varepsilon_\varkappa t_3-\varepsilon_\lambda t_4)} \times \langle b_\mu^+(0)\, b_\nu^+(0)\, b_\varkappa(0)\, b_\lambda(0)\rangle\,. \qquad (3.20)$$

Nach dem Obigen verschwinden die Erwartungswerte in Gl. (3.20) dann, wenn alle Indizes $\mu,\nu,\varkappa,\lambda$ oder drei von ihnen voneinander verschieden sind. Von Bedeutung sind daher nur die Indexkombinationen, bei denen entweder alle vier Indizes gleich sind oder die Indizes paarweise übereinstimmen, wobei noch zu beachten ist, daß nur solche Paarungen einen nichtverschwindenden Wert liefern, bei denen ein Erzeugungs- und ein Vernichtungsoperator den gleichen Index trägt. Damit erhalten wir also von Null verschiedene Beiträge zu der Summe (3.20) für folgende drei Fälle:

a) $\nu=\varkappa=\lambda=\mu$,

b) $\varkappa=\mu,\quad \lambda=\nu\quad (\mu\neq\nu)$ und

c) $\lambda=\mu,\quad \varkappa=\nu\quad (\mu\neq\nu)$.

Nun gilt im thermischen Gleichgewicht

$$
\begin{aligned}
&\langle b_\mu^+(0)\, b_\mu^+(0)\, b_\mu(0)\, b_\mu(0)\rangle \\
&= \sum_n \langle n \mid W_\mu \mid n\rangle_\mu \langle n \mid b_\mu^+(0)\, b_\mu^+(0)\, b_\mu(0)\, b_\mu(0) \mid n\rangle_\mu \\
&= \sum_n \langle n \mid W_\mu \mid n\rangle_\mu\, n(n-1) = (1-\eta) \sum_n n(n-1)\, \eta^n
\end{aligned} \tag{3.21}
$$

(mit η gemäß Gl. (3.9)). Die letzte Summe berechnen wir, indem wir Gl. (3.10) zweimal differenzieren und anschließend mit η^2 multiplizieren, zu

$$\sum_n n(n-1)\, \eta^n = \frac{2\eta^2}{(1-\eta)^3}. \tag{3.22}$$

Damit finden wir unter Verwendung der Beziehung (3.12)

$$\langle b_\mu^+(0)\, b_\mu^+(0)\, b_\mu(0)\, b_\mu(0)\rangle = 2\left(\frac{\eta}{1-\eta}\right)^2 = 2\,\langle b_\mu^+(0)\, b_\mu(0)\rangle^2. \tag{3.23}$$

In den Fällen b und c können wir faktorisieren gemäß

$$
\begin{aligned}
\langle b_\mu^+(0)\, b_\nu^+(0)\, b_\mu(0)\, b_\nu(0)\rangle &= \langle b_\mu^+(0)\, b_\mu(0)\rangle\, \langle b_\nu^+(0)\, b_\nu(0)\rangle, \\
\langle b_\mu^+(0)\, b_\nu^+(0)\, b_\nu(0)\, b_\mu(0)\rangle &= \langle b_\mu^+(0)\, b_\mu(0)\rangle\, \langle b_\nu^+(0)\, b_\nu(0)\rangle.
\end{aligned} \tag{3.24}
$$

Aus Gl. (3.20) entsteht so

$$
\begin{aligned}
g(t_1, t_2, t_3, t_4) &= 2 \sum_\mu |k_\mu|^4\, e^{i\varepsilon_\mu(t_1+t_2-t_3-t_4)}\, \langle b_\mu^+(0)\, b_\mu(0)\rangle^2 \\
&+ \sum_{\mu \neq \nu} |k_\mu|^2\, |k_\nu|^2\, e^{i\varepsilon_\mu(t_1-t_3)}\, e^{i\varepsilon_\nu(t_2-t_4)}\, \langle b_\mu^+(0)\, b_\mu(0)\rangle\, \langle b_\nu^+(0)\, b_\nu(0)\rangle \\
&+ \sum_{\mu \neq \nu} |k_\mu|^2\, |k_\nu|^2\, e^{i\varepsilon_\mu(t_1-t_4)}\, e^{i\varepsilon_\nu(t_2-t_3)}\, \langle b_\mu^+(0)\, b_\mu(0)\rangle\, \langle b_\nu^+(0)\, b_\nu(0)\rangle.
\end{aligned} \tag{3.25}
$$

Nun liefert die erste der drei Summen offenbar gerade diejenigen Terme, die in den beiden anderen Summen noch fehlen, damit man die Doppelsummen jeweils als ein Produkt zweier Einfachsummen schreiben kann, die wiederum gemäß Gl. (3.14) nichts anderes sind als Korrelationsfunktionen erster Ordnung. Wir kommen somit zu folgendem Ergebnis

$$\begin{aligned}&\langle F^{+(0)}(t_1)\,F^{+(0)}(t_2)\,F^{(0)}(t_3)\,F^{(0)}(t_4)\rangle\\ &= \langle F^{+(0)}(t_1)\,F^{(0)}(t_3)\rangle\,\langle F^{+(0)}(t_2)\,F^{(0)}(t_4)\rangle\\ &+ \langle F^{+(0)}(t_1)\,F^{(0)}(t_4)\rangle\,\langle F^{+(0)}(t_2)\,F^{(0)}(t_3)\rangle. \end{aligned}\tag{3.26}$$

Diese Formel läßt sich, wie man im einzelnen nachprüfen kann, leicht auf den Fall verallgemeinern, daß in der Korrelationsfunktion (3.19) die Reihenfolge der Operatoren (beliebig) geändert wird. Allgemein kann man folgende Regel zur Berechnung von Korrelationsfunktionen zweiter Ordnung aufstellen

$$\begin{aligned}\langle G(t_1)\,G(t_2)\,G(t_3)\,G(t_4)\rangle &= \langle G(t_1)\,G(t_2)\rangle\,\langle G(t_3)\,G(t_4)\rangle\\ &+ \langle G(t_1)\,G(t_3)\rangle\,\langle G(t_2)\,G(t_4)\rangle\\ &+ \langle G(t_1)\,G(t_4)\rangle\,\langle G(t_2)\,G(t_3)\rangle,\end{aligned}\tag{3.27}$$

wobei für G wahlweise $F^{(0)}$ oder $F^{+(0)}$ eingesetzt werden kann. (Dabei braucht auch nicht vorausgesetzt zu werden, daß man es mit *zwei* Operatoren $F^{(0)}$ und entsprechend zwei Operatoren $F^{+(0)}$ zu tun hat. Falls dies nämlich nicht der Fall ist, verschwinden auf der rechten Seite von Gl. (3.27) alle Summanden, und das gleiche trifft auch für die linke Seite zu, wie man durch Einsetzen der Entwicklung (2.4) direkt erkennt.)

Weiterhin ist klar, daß sämtliche Erwartungswerte der Form $\langle G(t_1)\,G(t_2)\ldots G(t_n)\rangle$ mit ungeradem n gleich Null sind, da dasselbe für den Erwartungswert eines Produktes aus n (beliebig geordneten) Atomoperatoren $b_\mu(0)$, $b_\nu(0), \ldots, b_\varkappa^+(0), b_\lambda^+(0), \ldots$ gilt.

Nach dem gleichen Verfahren wie im Fall der Korrelationsfunktionen zweiter Ordnung kann man auch beweisen, daß sich Korrelationsfunktionen beliebig hoher Ordnung n

in folgender Form durch Korrelationsfunktionen erster Ordnung ausdrücken lassen

$$\langle G(t_1)\, G(t_2) \ldots G(t_{2n}\rangle = \sum \langle G(t_{j_1})\, G(t_{j_2})\rangle \ldots \langle G(t_{j_{2n-1}})\, G(t_{j_{2n}})\rangle . \tag{3.28}$$

Hier ist die Summation über alle möglichen Paarungen der Indizes zu erstrecken, wobei darauf zu achten ist, daß bei jeder der auftretenden Korrelationsfunktionen erster Ordnung die ursprüngliche zeitliche Ordnung erhalten bleibt (was also $j_{2k-1} < j_{2k}$ bedeutet).

Aus Gl. (3.28) ist ersichtlich, daß die gesamte Information über die Badoperatoren $F^{(0)}$ und $F^{+(0)}$ schon in den Korrelationsfunktionen erster Ordnung enthalten ist.

Wir bemerken abschließend, daß die in den beiden letzten Abschnitten gefundenen Resultate auch dann noch gültig sind (in guter Näherung zumindest), wenn man die Badatome nicht, wie wir es getan haben, modellmäßig durch harmonische Oszillatoren repräsentiert, sondern sich auf recht allgemeine Annahmen über die Beschaffenheit des Bades beschränkt (s. [67, 68]). Wesentlich sind nur die zu Anfang in 5.2 schon erwähnten folgenden Eigenschaften der Badatome: Sie müssen sich (genähert) in Resonanz mit dem Strahlungsfeld befinden (zumindest muß dies für einen Teil von ihnen gelten), und die zu dem interessierenden Strahlungsübergang gehörigen Niveauabstände der einzelnen Atome dürfen nicht alle den gleichen (scharfen) Wert haben, vielmehr muß eine Verteilung dieses Abstandes um den Resonanzwert $\hbar\omega$ vorliegen. Spricht man nicht von den verschiedenen Badatomen, sondern gleich von dem gesamten Bad, so kann man sagen, das Bad muß sehr viele Energieniveaus E_i besitzen, die so gelegen sind, daß genügend viele Energiedifferenzen $E_i - E_j$ auftreten, die (näherungsweise) mit dem Resonanzwert übereinstimmen, genauer, die Resonanzstelle $E_i - E_j = \hbar\omega$ soll praktisch von einem Kontinuum von Energiedifferenzen überdeckt werden. Zum Beweis der Relationen (3.27), (3.28) schließlich benötigt man nur die Voraussetzung, daß sich das Bad aus vielen Teilsystemen zusammensetzt, die voneinander unabhängig sind (s. [68]).

5.4. Das physikalische Verhalten des Strahlungsfeldes unter der Einwirkung des Bades

Wir wollen zuerst die erhaltenen Aussagen über die Badoperatoren $F^{(0)}$ und $F^{+(0)}$ physikalisch interpretieren. Dazu bilden wir zunächst aus den genannten Operatoren die Linearkombination

$$L(t) \equiv F^{(0)}(t) + F^{+(0)}(t), \tag{4.1}$$

die wegen ihres hermiteschen Charakters als eine Observable aufgefaßt werden kann. Da der Wechselwirkungsoperator (2.5) in der „rotating wave approximation" offenbar dem Ausdruck $\hbar(q + q^+)(F + F^+)$ äquivalent ist und der Operator $q + q^+$ gemäß Gl. (1.3′) — bis auf einen Normierungsfaktor — die elektrische Feldstärke in einem geeignet gewählten Raumpunkt repräsentiert, hat die Größe L — von einem Normierungsfaktor abgesehen — physikalisch die Bedeutung eines effektiven Gesamtdipolmoments der Atome für die Wechselwirkung mit dem betrachteten Strahlungsfeld.

Nach Gl. (3.6) verschwindet der Erwartungswert von L. Da der Erwartungswert von L^2 gemäß Gl. (3.16) und (3.18) von Null verschieden ist, stellt L also eine Größe dar, die um den Mittelwert Null statistisch schwankt. Weiterhin lehren die letztgenannten Gleichungen zusammen mit Gl. (3.7), daß die Korrelationsfunktion $\langle L(t_1)\, L(t_2)\rangle$ für $t_1 \neq t_2$ den Wert Null annimmt. Das bedeutet also, daß die Fluktuationen von L zu voneinander (beliebig wenig!) verschiedenen Zeiten statistisch unabhängig sind, oder, wie man statt dessen häufig sagt, daß die Größe L Markow-Charakter besitzt. Natürlich ist der δ-funktionsförmige Abfall der genannten Korrelationsfunktion — bildlich gesprochen, das „unendlich kurze Gedächtnis“ des effektiven Dipolmoments der Atome — nur im Sinn einer Näherung zu verstehen; vorsichtiger sollte man so sagen, die Zeiten τ, in denen Korrelationen zwischen $L(t)$ und $L(t+\tau)$ bestehen, sind als klein anzusehen im Verhältnis zu den entsprechenden Zeiten für die physikalischen Größen des an das Bad angekoppelten Systems.

Damit bringt also der Operator $F^{+(0)}$ in Gl. (2.21) den Einfluß der Fluktuationen des effektiven Dipolmoments der Atome auf das Strahlungsfeld zum Ausdruck, kurz gesagt, er repräsentiert die Einwirkung des Badrauschens. Man bezeichnet ihn daher häufig als LANGEVIN-Kraft.

Wir wollen jetzt noch eine früher gemachte Behauptung nachprüfen, nämlich die, daß der in Rede stehende Badoperator wesentlich für das Bestehen der Vertauschungsrelation $[q, q^+] = 1$ verantwortlich ist. In der Tat folgt aus Gl. (2.24) und der dazu hermitesch adjungierten Gleichung zunächst

$$\begin{aligned} [q(t), q^+(t)] &= e^{-\varkappa t}\,[q(0), q^+(0)] \\ &+ i e^{-\left(i\omega+\frac{\varkappa}{2}\right)t} \int_0^t \mathrm{d}t'\, e^{\left(i\omega-\frac{\varkappa}{2}\right)(t-t')}\, [q(0), F^{+(0)}(t')] \\ &- i e^{\left(i\omega-\frac{\varkappa}{2}\right)t} \int_0^t \mathrm{d}t'\, e^{-\left(i\omega+\frac{\varkappa}{2}\right)(t-t')}\, [F^{(0)}(t'), q^+(0)] \\ &+ \int_0^t \mathrm{d}t' \int_0^t \mathrm{d}t''\, e^{-\frac{\varkappa}{2}(2t-t'-t'')}\, e^{i\omega(t'-t'')}\, [F^{(0)}(t'), F^{+(0)}(t'')]. \end{aligned} \tag{4.2}$$

Nun verschwinden die Kommutatoren $[q(0), F^{+(0)}(t')]$ und $[F^{(0)}(t'), q^+(0)]$, wie man durch Einsetzen der Entwicklung (2.4) unter Beachtung der Tatsache, daß Bad- und Strahlungsfeldoperatoren im Anfangszeitpunkt miteinander kommutieren, sofort erkennt, und für den im letzten Term von Gl. (4.2) auftretenden Ausdruck $\exp\{i\omega(t'-t'')\}[F^{(0)}(t'), F^{+(0)}(t'')]$ finden wir unter Verwendung von Gl. (2.4) die Beziehung

$$\begin{aligned} &e^{i\omega(t'-t'')}[F^{(0)}(t'), F^{+(0)}(t'')] \\ &= e^{i\omega(t'-t'')} \sum_{\mu\nu} k_\mu k_\nu^* \, e^{-i\varepsilon_\mu t' + i\varepsilon_\nu t''} [b_\mu(0), b_\nu^+(0)] \\ &= \sum_\mu |k_\mu|^2 \, e^{i(\omega-\varepsilon_\mu)(t'-t'')} \cdot \mathbf{1} \end{aligned} \tag{4.3}$$

oder, nach Umwandlung der μ-Summation in eine Integration über ε,

$$e^{i\omega(t'-t'')}[F^{(0)}(t'), F^{+(0)}(t'')] = \varkappa\, \delta(t'-t'') \cdot \mathbf{1}. \tag{4.4}$$

Damit wird aus Gl. (4.2)

$$\begin{aligned} [q(t), q^+(t)] &= e^{-\varkappa t}[q(0), q^+(0)] + \varkappa \int_0^t \mathrm{d}t' \, e^{\varkappa(t'-t)} \cdot \mathbf{1} \\ &= e^{-\varkappa t}\,\mathbf{1} + (1 - e^{-\varkappa t})\,\mathbf{1} = \mathbf{1}, \end{aligned} \tag{4.5}$$

wie es sein soll.

Wir bemerken, daß man unter allgemeineren Voraussetzungen über die Beschaffenheit des Bades, wie sie am Ende von Abschn. 5.3 formuliert wurden, die in Rede stehende Vertauschungsrelation nur für den entsprechenden *Erwartungswert* bezüglich des Badraumes beweisen kann, da dann die Relation (4.4) auch nur als Gleichung für den Erwartungswert des Kommutators zur Verfügung steht. (Sie folgt in dieser Form direkt aus den Beziehungen (3.16) und (3.18).)

Wir berechnen nun den Erwartungswert des Operators $q^+(t)\,q(t)$, also die mittlere Photonenzahl. Aus methodischen Gründen ist es dabei zweckmäßig, nicht von der Lösung (2.24) auszugehen, sondern direkt aus Gl. (2.21) eine Differentialgleichung für $\langle q^+q\rangle$ herzuleiten. Multiplizieren wir Gl. (2.21) von rechts mit q, so entsteht

$$\dot{q}^+ q = \left(i\omega - \frac{\varkappa}{2}\right) q^+ q + i F^{+(0)} q. \tag{4.6}$$

Addieren wir hierzu die hermitesch adjungierte Gleichung, so ergibt sich, wenn wir gleich die Erwartungswerte der einzelnen Operatoren bilden, die folgende Differentialgleichung

$$\begin{aligned}\frac{\partial}{\partial t}\langle q^+ q\rangle &= \langle \dot{q}^+ q\rangle + \langle q^+ \dot{q}\rangle \\ &= -\varkappa \langle q^+ q\rangle - i[\langle q^+ F^{(0)}\rangle - \text{Konj. Kompl.}].\end{aligned} \tag{4.7}$$

Zur Berechnung der Größe $\langle q^+ F^{(0)}\rangle$ setzen wir die Lösung (2.24) für q^+ ein mit dem Ergebnis

$$\begin{aligned}\langle q^+(t)\, F^{(0)}(t)\rangle &= e^{\left(i\omega - \frac{\varkappa}{2}\right)t} \langle q^+(0)\, F^{(0)}(t)\rangle \\ &+ i\int_0^t \mathrm{d}t'\, e^{\left(i\omega - \frac{\varkappa}{2}\right)(t-t')} \langle F^{+(0)}(t')\, F^{(0)}(t)\rangle.\end{aligned} \tag{4.8}$$

Der erste Term auf der rechten Seite dieser Gleichung verschwindet, da im Anfangszeitpunkt keine Korrelationen zwischen Bad und Strahlungsfeld bestehen, denn es kann ja geschrieben werden

$$\begin{aligned}\langle q^+(0)\, F^{(0)}(t)\rangle &= \sum_\mu k_\mu e^{-i\varepsilon_\mu t} \langle q^+(0)\, b_\mu(0)\rangle \\ &= \sum_\mu k_\mu e^{-i\varepsilon_\mu t} \langle q^+(0)\rangle \langle b_\mu(0)\rangle = 0,\end{aligned} \tag{4.9}$$

wobei das letzte Gleichheitszeichen aus dem Verschwinden der Erwartungswerte $\langle b_\mu(0)\rangle$ (s. o.) folgt.

Machen wir noch Gebrauch von Gl. (3.16), so erhalten wir aus (4.8) die Beziehung

$$\langle q^+(t)\, F^{(0)}(t)\rangle = i\,\frac{\varkappa}{2}\, n_{th}. \tag{4.10}$$

Es sind also die (ungestörten) Badgrößen zu einer Zeit t mit den (gestörten) Strahlungsfeldgrößen zur *gleichen* Zeit t korreliert. — Wir benutzen die Gelegenheit zu einer kleinen Abschweifung und untersuchen die naheliegende Frage, in welchem Maße solche Korrelationen auch dann vorhanden sind, wenn die Zeiten, auf die sich die einzelnen Größen beziehen, unterschiedlich sind, m. a. W. welchen Wert die Korrelationsfunktion $\langle q^+(t_1)\, F^{(0)}(t_2)\rangle$ für $t_1 \neq t_2$ besitzt. Die Antwort läßt sich an Hand von Gl. (4.8) leicht geben, wenn man dort das Argument von q^+ und $F^{(0)}$ durch t_1 bzw. t_2 ersetzt. Offenbar muß man die Fallunterscheidung $t_1 < t_2$ und $t_1 > t_2$ vornehmen. Im ersten Fall erreicht der Integrationsweg die Singularität $t' = t_2$ der δ-Funktion nicht, dagegen erstreckt sich im zweiten Fall die Integration über diese Singularität hinweg, so daß gilt

$$\langle q^+(t_1)\, F^{(0)}(t_2)\rangle = \begin{cases} 0 & \text{für} \quad t_1 < t_2, \\ i\varkappa n_{th} e^{-\frac{\varkappa}{2}(t_1-t_2)}\, e^{i\omega(t_1-t_2)} & \text{für} \quad t_1 > t_2. \end{cases} \tag{4.11}$$

Dieses Ergebnis ist physikalisch ohne weiteres einleuchtend: Die Badgröße $F^{(0)}(t_2)$ ist ja per def. unabhängig von der Wechselwirkung mit dem Strahlungsfeld, sie nimmt also „keine Notiz“ vom Strahlungsfeld, dagegen beeinflußt sie das letztere, und da diese Einwirkung kausal' verläuft und die Badgrößen $F^{(0)}$ und $F^{+(0)}$ selbst kein „Gedächtnis“ besitzen, können nur Strahlungsfeldgrößen zur gleichen oder zu einer späteren Zeit t_1 „Erinnerungen“ an die Badgrößen zur Zeit t_2 haben, also mit ihnen korreliert sein. —

Kehren wir nun zu Gl. (4.7) zurück, so können wir also gemäß Gl. (4.10) schreiben

$$\frac{\partial}{\partial t}\langle q^+q\rangle = -\varkappa\,\{\langle q^+q\rangle - n_{th}\}, \tag{4.12}$$

und die Lösung dieser Gleichung lautet einfach

$$\langle q^+(t)\, q(t)\rangle = e^{-\varkappa t} \langle q^+(0)\, q(0)\rangle + n_{th} (1 - e^{-\varkappa t}). \qquad (4.13)$$

Gl. (4.12) stellt offenbar nichts anderes dar als eine Bilanzgleichung. Sie bringt zum Ausdruck, daß eine Abweichung der (mittleren) Photonenzahl vom Gleichgewichtswert im Laufe der Zeit exponentiell abklingt, wobei der genannte Gleichgewichtswert selbst gerade die Bedeutung der mittleren Photonenzahl der betreffenden Eigenschwingung im Fall der schwarzen Strahlung hat (s. Gl. (3.17)). Die Größe $\varkappa$ ist mit der Verlustkonstante für das Strahlungsfeld zu identifizieren, wie sie schon in Abschn. 3.1 (für den Spezialfall $n_{th} = 0$, welcher der Badtemperatur $T = 0$ entspricht) phänomenologisch eingeführt wurde.

Damit ist explizit gezeigt, daß unsere quantenmechanische Behandlung des Verlustmechanismus tatsächlich ein solches Dämpfungsverhalten des Strahlungsfeldes liefert, wie wir es uns vorgestellt haben.

Wir diskutieren noch den Erwartungswert $\langle q^+(t)\rangle$, der nach Gl. (2.21) fogender einfachen Differentialgleichung genügt

$$\frac{\partial}{\partial t} \langle q^+(t)\rangle = \left(i\omega - \frac{\varkappa}{2}\right) \langle q^+(t)\rangle \qquad (4.14)$$

(wobei Gl. (3.6) berücksichtigt wurde).
Damit ist der Wert von $\langle q^+(t)\rangle$ gegeben durch

$$\langle q^+(t)\rangle = e^{\left(i\omega - \frac{\varkappa}{2}\right)t} \langle q^+(0)\rangle . \qquad (4.15)$$

Setzen wir voraus, daß der Erwartungswert der elektrischen Feldstärke im Anfangszeitpunkt $t = 0$ von Null verschieden ist, d. h., daß anfänglich eine — mehr oder weniger gut ausgebildete — Phase des Feldes vorliegt, so sind gemäß Gl. (1.3′) die Erwartungswerte $\langle q(0)\rangle$ und $\langle q^{+}(0)\rangle$ ungleich Null, und Gl. (4.15) lehrt dann, daß der Erwartungswert der elektrischen Feldstärke exponentiell gegen Null geht. Dieses Verhalten des elektromagnetischen Feldes ist zu erwarten, da im Endzustand ja nur das vom Bad herrührende Strahlungsfeld übrigbleibt, bei dem die Phase der elektrischen Feldstärke statistisch zufällige Werte annehmen wird, so daß der Erwartungswert der elektrischen Feldstärke verschwindet. Wir können daher feststellen, der Verlustmechanismus zerstört eine evtl. vorhandene Phase des elektromagnetischen Feldes im Laufe der Zeit vollständig, kurz gesagt, das Bad hat eine kohärenzzerstörende Wirkung.

Zum Zweck eines späteren Vergleichs mit der Laserstrahlung berechnen wir noch die physikalisch bedeutsamen Korrelationsfunktionen erster und zweiter Ordnung des Strahlungsfeldes, nämlich die Erwartungswerte $\langle q^{+}(t+\tau)\, q(t)\rangle$ und $\langle q^{+}(t)\, q^{+}(t+\tau)\, q(t+\tau)\, q(t)\rangle$ für den Fall, daß sich ein Gleichgewicht zwischen dem elektromagnetischen Feld und dem Bad eingestellt hat, also für $t \gg \varkappa^{-1}$. Bevor wir die Rechnungen im einzelnen ausführen, wollen wir zunächst die physikalische Bedeutung dieser Korrelationsfunktionen kurz erläutern.

Die Korrelationsfunktion $\langle q^{+}(t+\tau)\, q(t)\rangle$ enthält die Information über die Linienbreite der Strahlung, genau gesagt, ihre Fourier-Transformierte (bezüglich τ) gibt das Frequenzspektrum an. Dieser Zusammenhang zwischen Frequenzverteilung und Korrelationsfunktion erster Ordnung ist nichts anderes als die quantenmechanische Formulierung des sogenannten Wiener-Chintschin-Theorems. (Ein Beweis dieses Theorems im Fall des quantisierten Strahlungsfeldes wurde von Glauber [24] gegeben.[1]) — Es erscheint auf den ersten Blick verblüf-

[1]) Dabei wurde allerdings das Strahlungsfeld als frei vorausgesetzt; man kann aber wohl annehmen, daß die Fourier-Transformierte von $\langle q^{+}(t+\tau)\, q(t)\rangle$ auch im Fall eines mit seinen Quellen noch in Wechselwirkung stehenden Strahlungsfeldes, mit dem wir es im folgenden stets zu tun haben, ihren physikalischen Sinn behält.

fend, daß wir eine endliche Linienbreite der Strahlung zu erwarten haben, obwohl wir doch nach wie vor nur eine einzige Eigenschwingung des Strahlungsfeldes betrachten. Monochromasie ist aber nur im Fall eines freien Feldes ein notwendiges Attribut einer Eigenschwingung; durch die Wechselwirkung mit Materie tritt eine Frequenzunschärfe auf (vgl. [56]), die man in unserem Fall als Folge der durch das Bad verursachten Phasen- und Amplitudenfluktuationen des Feldes verstehen kann. —

Die Korrelationsfunktion $\langle q^+(t)\, q^+(t+\tau)\, q(t+\tau)\, q(t)\rangle$ schließlich gibt Auskunft über die Korrelationen der Intensität des Strahlungsfeldes zu verschiedenen Zeiten. Der genannte Erwartungswert hat nämlich — von einem Normierungsfaktor f^2 abgesehen — physikalisch die Bedeutung der Wahrscheinlichkeit $\big($pro (Zeiteinheit)$^2\big)$ dafür, daß *sowohl* ein Photodetektor zur Zeit t *als auch* ein (am gleichen Ort befindlicher) zweiter Photodetektor zur Zeit $t+\tau$ ansprechen[1]), wie von Kelley und Kleiner [40] für ein Strahlungsfeld, das evtl. noch mit seinen Quellen in Wechselwirkung steht, gezeigt wurde. (Im letzteren Fall ist darauf zu achten, daß die Reihenfolge der Operatoren $q^+(t)$, $q^+(t+\tau)$ — und entsprechend die der Operatoren $q(t)$, $q(t+\tau)$ — nicht mehr willkürlich gewählt werden darf, da die betreffenden Operatoren im allgemeinen nicht kommutieren; vielmehr muß eine Zeitordnung eingeführt werden, die darin besteht, daß die Erzeugungsoperatoren, von links nach rechts gelesen, sich auf immer spätere Zeitpunkte beziehen, während die Vernichtungsoperatoren in umgekehrter Reihenfolge anzuordnen sind.) Die experimentelle Bestimmung der in Rede stehenden Korrelationsfunktion läuft somit auf die Messung verzögerter Koinzidenzen hinaus, wie sie erstmalig in dem berühmten Experiment von Hanbury Brown und Twiss [9] durchgeführt wurde. Dabei wurde

---

1) Genau gesprochen gibt die Größe $f^2 \left\langle q^+(t_1)\; q^+(t_2)\; q(t_2)\; q(t_1) \right\rangle dt_1\, dt_2$ die Wahrscheinlichkeit an, daß sowohl ein Zähler im Zeitintervall $t_1 \cdots t_1 + dt_1$ als auch ein weiterer Zähler im Zeitintervall $t_2 \cdots t_2 + dt_2$ ein Photon registrieren.

die experimentelle Schwierigkeit, zwei Photodetektoren am gleichen Ort aufzustellen, elegant dadurch umgangen, daß der einfallende (quasimonochromatische und gut gebündelte) Lichtstrahl mit Hilfe eines halbdurchlässigen Spiegels in zwei (zueinander kohärente) Teilstrahlen zerlegt wurde, die jeder für sich mit einem Photovervielfacher registriert wurden. Untersucht wurden dann — als Äquivalent der verzögerten Koinzidenzen — Korrelationen zwischen dem Photostrom des einen Detektors zu einer Zeit t und dem Photostrom des anderen Detektors zu einer späteren Zeit $t + \tau$. Eine direkte Beobachtung der Koinzidenzen durch Zählung einzelner Lichtquanten erfolgte erstmalig durch Rebka und Pound [55]. — Für den Fall, daß die Zählakte zur Zeit t und zur Zeit $t + \tau$ statistisch unabhängig voneinander ablaufen, ist die Wahrscheinlichkeit des Auftretens verzögerter Koinzidenzen einfach gleich dem Produkt der Ansprechwahrscheinlichkeiten des Zählers zur Zeit t und zur Zeit $t + \tau$, d. h., es finden nur zufällige Koinzidenzen statt. Da die letztgenannten Ansprechwahrscheinlichkeiten — bis auf den Faktor f — durch die (im stationären Fall offenbar übereinstimmenden) Erwartungswerte $\langle q^+(t)\, q(t)\rangle$ und $\langle q^+(t+\tau)\, q(t+\tau)\rangle$, also die mittleren Photonenzahlen, gegeben sind (s. [40]), ist von unmittelbarem physikalischen Interesse die Größe

$$D(\tau) \equiv \langle q^+(t)\, q^+(t+\tau)\, q(t+\tau)\, q(t)\rangle - \langle q^+(t)\, q(t)\rangle \langle q^+(t+\tau)\, q(t+\tau)\rangle, \qquad (4.16)$$

die also angibt, in welchem Maß die Statistik der verzögerten Koinzidenzen vom Fall statistischer Unabhängigkeit der Einzelzählakte abweicht. Ist die genannte Differenz, wie die Rechnung zeigen wird, für nicht zu große Werte von τ positiv (und klingt dann auf Null ab), so bedeutet dies, daß die Wahrscheinlichkeit, mit dem zweiten Zähler ein Photon zu registrieren, größer ist, wenn schon der erste Zähler angesprochen hat, als wenn dies nicht der Fall ist; anschaulich gesprochen, die Photonen haben eine Tendenz, in „Klumpen“ am Beobachtungsort einzutreffen. Die Größe τ_0, die wir dadurch definieren, daß für $\tau = \tau_0$ die Funktion $D(\tau)$ auf den e-ten Teil abgeklungen ist, gibt offenbar die effektive Ausdehnung (in Einheiten von c) solcher „Klumpen“ in Ausbreitungsrichtung an.

Der geschilderte Effekt läßt sich unmittelbar als Folge von Intensitätsschwankungen des elektromagnetischen Feldes verstehen. In der Tat, wenn sich am Ort eines Zählers zufällig ein über dem Mittelwert liegender Wert der Intensität ausgebildet hat, liegt — denken wir zunächst an den Spezialfall $\tau = 0$ — beim zweiten Zähler die gleiche Situation vor, und die Ansprechwahrscheinlichkeit ist in gleichem Maß für *beide* Zähler (im Vergleich zur mittleren Zählrate) vergrößert. Die Beobachtung des zeitlichen Abklingens der Funktion $D(\tau)$ durch Registrierung verzögerter Koinzidenzen entspricht dann offensichtlich einer Messung der Korrelationen, die zwischen den Abweichungen der Intensität vom Mittelwert zu verschiedenen Zeiten t und $t + \tau$ existieren, und die obengenannte Größe τ_0 hat die Bedeutung des Zeitintervalls, in dem eine einmal zufällig entstandene Abweichung der Intensität vom Mittelwert (im Mittel) merklich abklingt. (Für $\tau > \tau_0$ stellt sich dann ein anderer, nicht vorhersagbarer Wert dieser Abweichung ein.)

Wir wenden uns nun der expliziten Berechnung der in Rede stehenden Korrelationsfunktionen für eine — im thermischen Gleichgewicht mit dem Bad befindliche — Eigenschwingung des Strahlungsfeldes zu. Gemäß Gl. (2.24) ist der Photonenerzeugungsoperator dann gegeben durch

$$q^+(t) = i \int_0^t e^{\left(i\omega - \frac{\varkappa}{2}\right)(t-t')} F^{+(0)}(t')\,\mathrm{d}t' \qquad \left(t \gg \frac{1}{\varkappa}\right) \tag{4.17}$$

(im Gleichgewicht, d. h. für Zeiten $t \gg \varkappa^{-1}$, ist der Anfangswert $q^+(0)$ „vergessen“), und die Korrelationsfunktion erster Ordnung schreibt sich daher in der Form

$$\langle q^+(t+\tau)\, q(t)\rangle = \int_0^{t+\tau} \mathrm{d}t_1 \int_0^{t} \mathrm{d}t_2\, e^{\left(i\omega-\frac{\varkappa}{2}\right)(t+\tau-t_1)}$$
$$\times\, e^{-\left(i\omega+\frac{\varkappa}{2}\right)(t-t_2)} \langle F^{+(0)}(t_1)\, F^{(0)}(t_2)\rangle, \qquad (4.18)$$

woraus im Fall $\tau > 0$ unter Beachtung von Gl. (3.16) folgt[1])

$$\langle q^+(t+\tau)\, q(t)\rangle = e^{\left(i\omega-\frac{\varkappa}{2}\right)\tau}\, n_{th}\, \varkappa \int_0^t dt_2\, e^{-\varkappa(t-t_2)}$$
$$= e^{\left(i\omega-\frac{\varkappa}{2}\right)\tau}\, n_{th}. \qquad (4.19)$$

Für $\tau < 0$ tritt, wie man leicht nachprüft, in Gl. (4.19) im Endergebnis die Größe $-\varkappa$ an die Stelle von $\varkappa$. Die Korrelationsfunktion $\langle q^+(t+\tau)\, q(t)\rangle$ lautet daher allgemein

$$\langle q^+(t+\tau)\, q(t)\rangle = e^{i\omega\tau-\frac{\varkappa}{2}|\tau|}\, n_{th}. \qquad (4.20)$$

Um die Linienform der Strahlung zu erhalten, haben wir nach dem Obigen die FOURIER-Transformierte zu bilden. Unter Verwendung der leicht zu beweisenden Hilfsformel

$$\int_{-\infty}^{\infty} e^{-\beta|\tau|}\, e^{i\omega\tau}\, d\tau = \frac{2\beta}{\beta^2+w^2} \qquad (4.21)$$

entsteht so, wenn wir von einem uninteressanten Normierungsfaktor absehen,

$$F(\Omega) \equiv \frac{1}{2\pi}\int_{-\infty}^{\infty} \langle q^+(t+\tau)\, q(t)\rangle\, e^{-i\Omega\tau}\, d\tau \sim \frac{1}{\varkappa^2+4(\Omega-\omega)^2}, \qquad (4.22)$$

---

[1]) Man führt zweckmäßig zuerst die t_1-Integration aus, da sich diese (für $\tau > 0$) stets über die Singularität $t_1 = t_2$ der δ-Funktion hinweg erstreckt.

d. h., es ergibt sich eine LORENTZ-Linie mit dem Zentrum $\Omega = \omega$ und der Halbwertsbreite $\Delta\Omega = \varkappa$. Die Linie ist also um so breiter, je größer die Dämpfung des Strahlungsfeldes ist, m. a. W., je kürzer die mittlere Lebensdauer der Photonen ist. (Im stationären Gleichgewicht werden die Photonen ja ständig absorbiert und durch „neue" ersetzt.) Dieses Ergebnis ist anschaulich zu erwarten, da das — für die endliche Linienbreite verantwortlich zu machende — Rauschen des elektromagnetischen Feldes offenbar um so stärker ist, je kurzlebiger die einzelnen Photonen sind.

In analoger Weise berechnen wir die interessierende Korrelationsfunktion zweiter Ordnung, für die sich unter Verwendung von Gl. (4.17) zunächst ergibt

$$\langle q^+(t)\, q^+(t+\tau)\, q(t+\tau)\, q(t)\rangle = \int_0^t \mathrm{d}t_1 \int_0^{t+\tau} \mathrm{d}t_2 \int_0^{t+\tau} \mathrm{d}t_3$$

$$\times \int_0^t \mathrm{d}t_4\, e^{\left(i\omega - \frac{\varkappa}{2}\right)(t-t_1)}\, e^{\left(i\omega - \frac{\varkappa}{2}\right)(t+\tau-t_2)}\, e^{-\left(i\omega + \frac{\varkappa}{2}\right)(t+\tau-t_3)}$$

$$\times\, e^{-\left(i\omega + \frac{\varkappa}{2}\right)(t-t_4)} \langle F^{+(0)}(t_1)\, F^{+(0)}(t_2)\, F^{(0)}(t_3)\, F^{(0)}(t_4)\rangle. \tag{4.23}$$

Machen wir Gebrauch von der schon bereitgestellten Formel (3.26), so erkennen wir, daß sich ebendiese Regel für die (ungestörten) Badoperatoren unmittelbar auf die Erzeugungs- und Vernichtungsoperatoren des (wechselwirkenden) Strahlungsfeldes überträgt, d. h., wir gelangen zu folgendem Ergebnis

$$\begin{aligned}&\langle q^+(t)\, q^+(t+\tau)\, q(t+\tau)\, q(t)\rangle\\ &= \langle q^+(t)\, q(t+\tau)\rangle \langle q^+(t+\tau)\, q(t)\rangle\\ &\quad + \langle q^+(t)\, q(t)\rangle \langle q^+(t+\tau)\, q(t+\tau)\rangle.\end{aligned} \tag{4.24}$$

Damit lautet nach Gl. (4.20) die für die Intensitätsschwankungen charakteristische Größe (4.16), wenn wir noch die allgemein gültige Beziehung

$$\langle q^+(t)\, q(t+\tau)\rangle = \langle q^+(t+\tau)\, q(t)\rangle^* \tag{4.25}$$

beachten,

$$D(\tau) = |\langle q^+(t+\tau)\, q(t)\rangle|^2 = n_{th}^2\, e^{-\varkappa|\tau|} = \langle q^+(t)\, q(t)\rangle^2\, e^{-\varkappa|\tau|}. \tag{4.26}$$

Das bedeutet also für das Experiment von HANBURY BROWN und TWISS, die Zahl der über die zufälligen Koinzidenzen hinaus stattfindenden Koinzidenzen ist (für $\tau = 0$) genauso groß wie die Zahl der zufälligen Koinzidenzen selbst, so daß eine deutliche „Klumpenbildung“ vorliegt oder, anders ausgedrückt, daß starke Intensitätsschwankungen auftreten. Aus Gl. (4.26) ist weiterhin ersichtlich, daß der zeitliche Abstand, über den hinweg Korrelationen zwischen den Abweichungen der Intensität vom Mittelwert existieren, durch die mittlere Lebensdauer $\varkappa^{-1}$ der Photonen begrenzt ist, wie man es nicht anders erwartet.

5.5. *Quantenmechanische Beschreibung der Pump- und Relaxationsvorgänge*

Rückblickend können wir nun die wesentlichen Züge unserer quantenmechanischen Behandlung eines gedämpften harmonischen Oszillators in folgender einfachen Weise kennzeichnen:

Die Einwirkung des Verlustmechanismus wird formal dadurch berücksichtigt, daß man die ungestörte Bewegungsgleichung für den Erzeugungsoperator q^+

$$\dot{q}^+ = i\omega q^+ \tag{5.1}$$

durch Hinzufügen sowohl eines Dämpfungsterms als auch einer LANGEVIN-Kraft abändert zu

$$\dot{q}^+ = \left(i\omega - \frac{\varkappa}{2}\right) q^+ + i F^{+(0)}. \tag{5.2}$$

Die Operatoren $F^{+(0)}$ und $F^{(0)}$ repräsentieren die Fluktuationen des (ungestörten) Bades. Für eine vollständige Beschreibung des harmonischen Oszillators ist nur die Kenntnis des Erwartungswertes von $F^{+(0)}$ und $F^{(0)}$ sowie der Korrelationsfunktionen erforderlich, die sich nach Abschn. 5.3 in folgenden Gleichungen ausdrückt:

$$\begin{aligned} \langle F^{+(0)}(t)\rangle &= \langle F^{(0)}(t)\rangle = \langle F^{+(0)}(t_1)\, F^{+(0)}(t_2)\rangle \\ &= \langle F^{(0)}(t_1)\, F^{(0)}(t_2)\rangle = 0 \end{aligned} \tag{5.3}$$

und

$$\begin{aligned} e^{i\omega(t_2-t_1)} \langle F^{+(0)}(t_1)\, F^{(0)}(t_2)\rangle &= \varkappa n_{th} \delta(t_1 - t_2), \\ e^{i\omega(t_1-t_2)} \langle F^{(0)}(t_1)\, F^{+(0)}(t_2)\rangle &= \varkappa(n_{th} + 1)\, \delta(t_1 - t_2). \end{aligned} \tag{5.4}$$

Korrelationsfunktionen höherer Ordnung n verschwinden, wenn n ungerade ist, und für gerades n berechnen sie sich nach der Regel (3.28) aus den Korrelationsfunktionen erster Ordnung.

Aus Gl. (5.2) zusammen mit den Relationen (5.3) und (5.4) folgt dann einerseits die einfache Bilanzgleichung (4.12) für die mittlere Photonenzahl, die den Dämpfungseffekt sowie die Ausstrahlung des Bades selbst zum Ausdruck bringt, und andererseits die Gültigkeit der Vertauschungsrelation für q und q^+ im Sinn eines Erwartungswertes bezüglich des Badraumes. (Nur wenn das Bad aus harmonischen Oszillatoren besteht, gilt die genannte Vertauschungsregel als Operatorbeziehung.)

Wir wollen nun das geschilderte Verfahren zur quantenmechanischen Behandlung eines gedämpften harmonischen Oszillators noch einmal in anderer, mehr heuristischer Weise (vgl. [42]) darstellen mit dem Ziel, zu einer Methodik zu gelangen, die sich leicht auf die andere für die Lasertheorie bedeutsame Problematik, nämlich die quantenmechanisch konsistente Beschreibung der Pump- und Relaxationsprozesse bei den Atomen, übertragen läßt.

Wir ergänzen zunächst wie bisher die ungestörte Bewegungsgleichung (5.1) durch einen phänomenologischen Dämpfungsterm sowie eine LANGEVIN-Kraft, die wir jetzt — unter Einschluß des Faktors i in Gl. (5.2) — einfach mit F^+ bezeichnen, d. h., wir gehen von der Gleichung

$$\dot{q}^+ = \left(i\omega - \frac{\tilde{\varkappa}}{2}\right) q^+ + F^+ \tag{5.5}$$

aus. Wir setzen dabei nur voraus, daß F^+ und die dazu hermitesch adjungierte Größe F statistisch fluktuieren und MARKOW-Charakter besitzen, d. h., es soll gelten

$$\langle F^+(t)\rangle = \langle F(t)\rangle = \langle F^+(t_1)\, F^+(t_2)\rangle = \langle F(t_1)\, F(t_2)\rangle = 0 \tag{5.6}$$

und

$$\begin{aligned} e^{i\omega(t_2-t_1)}\langle F^+(t_1)\, F(t_2)\rangle &= \beta_1\, \delta(t_1 - t_2), \\ e^{i\omega(t_1-t_2)}\langle F(t_1)\, F^+(t_2)\rangle &= \beta_2\, \delta(t_1 - t_2). \end{aligned} \tag{5.7}$$

Weiterhin machen wir die naheliegende Annahme, daß keine Korrelationen zwischen den Anfangswerten $q^+(0)$, $q(0)$ der Systemoperatoren und den LANGEVIN-Kräften $F^+(t)$, $F(t)$ zu einer beliebigen Zeit $t \geq 0$ bestehen, was also formelmäßig z. B. bedeutet

$$\langle q^+(0)\, F(t)\rangle = \langle F(t)\, q^+(0)\rangle = 0. \tag{5.8}$$

(Da wir nicht von der Tatsache Gebrauch machen wollen, daß F^+ und F ungestörte Badoperatoren sind — in der

Tat gilt dies bei der späteren Anwendung der Methode auf die Behandlung der Pump- und Relaxationsprozesse bei einem Atom nicht länger — können wir Gl. (5.8) nicht mehr beweisen. Aus dem MARKOW-Charakter der LANGEVIN-Kräfte, d. h. aus dem Umstand, daß die genannten Kräfte zu verschiedenen Zeiten statistisch unabhängig voneinander sind, können wir nur folgern, daß Korrelationen der betrachteten Art höchstens für einen einzigen Wert von t existieren, und diese Möglichkeit schließen wir als physikalisch unplausibel aus.)

Im Unterschied zu unserem früheren Vorgehen betrachten wir nun die Größen $\tilde{\varkappa}$, β_1 und β_2 als zunächst unbekannte Parameter, die gerade so zu bestimmen sind, daß einerseits die Vertauschungsrelation für q und q^+ in der Form

$$\langle [q, q^+] \rangle = 1 \tag{5.9}$$

und andererseits die Bilanzgleichung

$$\frac{\partial}{\partial t} \langle q^+ q \rangle = -\varkappa \{\langle q^+ q \rangle - \bar{n}\} \tag{5.10}$$

gilt, wobei wir die Dämpfungskonstante $\varkappa$ und die mittlere Photonenzahl im Gleichgewicht, für die wir nun einfach $\bar{n}$ schreiben wollen, als vorgegeben ansehen.

Wir können dann ganz analog wie in Abschn. 5.4 verfahren. Integrieren wir Gl. (5.5) und beachten die Voraussetzung (5.8), so finden wir unter Verwendung von (5.7) die Gl. (4.10) entsprechende Beziehung

$$\langle q^+(t)\, F(t) \rangle = \frac{\beta_1}{2}, \tag{5.11}$$

und die Bilanzgleichung für die mittlere Photonenzahl ergibt sich damit in der Gestalt

$$\frac{\partial}{\partial t} \langle q^+ q \rangle = -\tilde{\varkappa} \langle q^+ q \rangle + \beta_1. \tag{5.12}$$

Andererseits leitet man aus der Lösung von Gl. (5.5) unter Zuhilfenahme der Gln. (5.7) und (5.8) leicht die folgende Beziehung für den Kommutator $[q, q^+]$ her

$$\langle [q(t), q^+(t)] \rangle = e^{-\tilde{\varkappa} t} + \frac{\beta_2 - \beta_1}{\tilde{\varkappa}} (1 - e^{-\tilde{\varkappa} t}). \qquad (5.13)$$

Der Vergleich von (5.10) mit (5.12) sowie von (5.9) mit (5.13) führt dann eindeutig zu folgender Festlegung der Koeffizienten $\tilde{\varkappa}$, β_1 und β_2:

$$\tilde{\varkappa} = \varkappa, \quad \beta_1 = \varkappa \bar{n}, \quad \beta_2 = \beta_1 + \varkappa = \varkappa(\bar{n} + 1), \qquad (5.14)$$

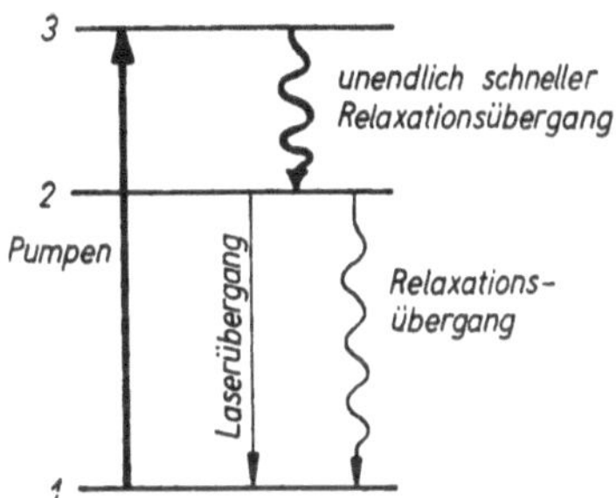

Abb. 1. Der Laserprozeß bei einem Drei-Niveau-Atom. Wegen des „unendlich" schnellen Relaxationsüberganges 3 → 2 werden praktisch nur die Niveaus 1 und 2 besetzt, so daß es sich effektiv um ein Zwei-Niveau-System handelt

was genau mit unseren früher auf direktem Wege (durch Untersuchung der Badgrößen selbst) erhaltenen Resultaten übereinstimmt.

Damit ist die geschilderte Methodik als brauchbar erkannt, und wir wollen sie nun auf den Fall eines Atoms anwenden, das an einen Pump- und einen Relaxationsmechanismus gekoppelt ist. Entsprechend den Ausführungen in Abschn. 5.1 denken wir dabei an ein Drei-Niveau-System (s. Abb. 1), das aus dem Grundzustand 1 in das oberste Niveau 3 gepumpt wird, von dort — infolge eines Relaxationsvorganges — unendlich schnell auf das mittlere Niveau 2 „fällt“ und dann beim Übergang $2 \to 1$ an der Ausstrahlung des Lasers teilnimmt. Daneben gibt es noch die Möglichkeit eines Relaxationsüberganges $2 \to 1$ (etwa in Form einer spontanen Emission), die wir ebenfalls berücksichtigen wollen. Wegen des unendlich schnellen Zerfalls des Niveaus 3 haben wir es effektiv mit einem Zwei-Niveau-System zu tun.

Wir lassen zunächst die Wechselwirkung mit der Laserstrahlung außer Betracht und versuchen eine quantenmechanische Beschreibung der Pump- und Relaxationsvorgänge nach dem obigen Schema. Dazu ändern wir als erstes die ungestörte Bewegungsgleichung für den Atomoperator a_μ^+, also gemäß Gl. (1.36) (für $k_\lambda^{(\mu)} = 0$) die Differentialgleichung

$$\dot{a}_\mu^+ = i\varepsilon_\mu a_\mu^+ \tag{5.15}$$

ab in

$$\dot{a}_\mu^+ = \left(i\varepsilon_\mu - \frac{\gamma}{2}\right) a_\mu^+ + \Gamma_\mu^+ , \tag{5.16}$$

wobei wir annehmen, daß der Operator Γ_μ^+ und der dazu hermitesch adjungierte Operator Γ_μ die gleichen formalen Eigenschaften wie die obigen Operatoren F^+ und F besitzen, d. h., daß die folgenden Relationen bestehen

$$\langle \Gamma_\mu^+(t)\rangle = \langle \Gamma_\mu(t)\rangle = \langle \Gamma_\mu^+(t_1)\,\Gamma_\mu^+(t_2)\rangle = \langle \Gamma_\mu(t_1)\,\Gamma_\mu(t_2)\rangle = 0, \tag{5.17}$$

$$e^{i\varepsilon_\mu(t_2-t_1)}\,\langle \Gamma_\mu^+(t_1)\,\Gamma_\mu(t_2)\rangle = \alpha_1\,\delta(t_1 - t_2), \tag{5.18}$$

$$e^{i\varepsilon_\mu(t_1-t_2)}\,\langle \Gamma_\mu(t_1)\,\Gamma_\mu^+(t_2)\rangle = \alpha_2\,\delta(t_1 - t_2) \tag{5.19}$$

und schließlich

$$\langle a_\mu^+(0)\, \Gamma_\mu(t)\rangle = 0 \quad \text{usf.} \tag{5.20}$$

Wir sehen die Konstanten γ, α_1 und α_2 wieder als Parameter an. Zu ihrer Festlegung fordern wir die Gültigkeit der klassischen Bilanzgleichungen für die mittleren Besetzungszahlen $N_1^{(\mu)}$ und $N_2^{(\mu)}$ der Atomniveaus 1 und 2. Damit ist, wie sich zeigen wird, zugleich die Vertauschungsrelation für die Operatoren a_μ und a_μ^+ (im Sinn einer Gleichung für den Erwartungswert) erfüllt (was einleuchtet, weil die genannte Beziehung, wie ein Blick auf Gln. (1.22) bis (1.24) lehrt, identisch ist mit der Gleichung $N_1^{(\mu)} + N_2^{(\mu)} = 1$, die bei der Aufstellung der Bilanzgleichungen schon verwendet wird).

Wir bezeichnen mit γ_2 die Wahrscheinlichkeit (pro Zeiteinheit) für den Relaxationsübergang $2 \to 1$ und mit γ_1 die entsprechende Wahrscheinlichkeit für den – mit dem Pumpvorgang gleichzusetzenden – Übergang $1 \to 3$, der wegen der vorausgesetzten unendlich kurzen Lebensdauer des Niveaus 3 sofort von einem Übergang in das Niveau 2 gefolgt wird, so daß effektiv von 1 direkt nach 2 gepumpt wird. (Der Umweg über das Niveau 3 hat nur den Zweck, den gegenläufigen Prozeß $2 \to 1$ zu unterbinden, der sich sonst ebenfalls unter der Einwirkung des Pumpmechanismus abspielen würde.) Wir können dann die Bilanzgleichungen für die Besetzungszahlen der beiden Niveaus in folgender Form aufschreiben

$$\dot{N}_2^{(\mu)} = \gamma_1 N_1^{(\mu)} - \gamma_2 N_2^{(\mu)}, \tag{5.21}$$

$$\dot{N}_1^{(\mu)} = \gamma_2 N_2^{(\mu)} - \gamma_1 N_1^{(\mu)}. \tag{5.22}$$

Wegen $N_1^{(\mu)} + N_2^{(\mu)} = 1$ können wir die vorstehenden Gleichungen umformen in

$$\dot{N}_2^{(\mu)} = \gamma_1 - (\gamma_1 + \gamma_2)\, N_2^{(\mu)}, \tag{5.23}$$

$$\dot{N}_1^{(\mu)} = \gamma_2 - (\gamma_1 + \gamma_2)\, N_1^{(\mu)}. \tag{5.24}$$

Wir berechnen nun aus Gl. (5.16) unter Beachtung der obigen Voraussetzungen über die LANGEVIN-Kräfte Γ_μ, Γ_μ^+ die den Gln. (5.23) und (5.24) entsprechenden quantenmechanischen Relationen. Nach Gln. (1.23) und (1.24) haben wir dabei zu identifizieren

$$N_1^{(\mu)} = \langle a_\mu a_\mu^+ \rangle, \quad N_2^{(\mu)} = \langle a_\mu^+ a_\mu \rangle. \tag{5.25}$$

Durch Integration erhalten wir aus Gl. (5.16)

$$a_\mu^+(t) = e^{\left(i\varepsilon_\mu - \frac{\gamma}{2}\right)t} a_\mu^+(0) + \int_0^t e^{\left(i\varepsilon_\mu - \frac{\gamma}{2}\right)(t-t')} \Gamma_\mu^+(t')\,\mathrm{d}t', \tag{5.26}$$

und unter Verwendung von Gln. (5.18) und (5.20) finden wir damit die zu Gl. (5.11) analoge Beziehung

$$\langle a_\mu^+(t)\,\Gamma_\mu(t)\rangle = \frac{\alpha_1}{2}. \tag{5.27}$$

Andererseits folgt aus Gl. (5.16) direkt (durch rechtsseitige Multiplikation mit a_μ, Addition der hermitesch adjungierten Gleichung und Übergang zum Erwartungswert)

$$\frac{\partial}{\partial t}\langle a_\mu^+ a_\mu\rangle = -\gamma\langle a_\mu^+ a_\mu\rangle + [\langle a_\mu^+ \Gamma_\mu\rangle + \text{Konj. Kompl.}] \tag{5.28}$$

oder, nach Einsetzen der Relation (5.27),

$$\frac{\partial}{\partial t}\langle a_\mu^+ a_\mu\rangle = -\gamma\langle a_\mu^+ a_\mu\rangle + \alpha_1. \tag{5.29}$$

Eine entsprechende Rechnung liefert für $\langle a_\mu a_\mu^+\rangle$ die Differentialgleichung

$$\frac{\partial}{\partial t}\langle a_\mu a_\mu^+\rangle = -\gamma\langle a_\mu a_\mu^+\rangle + \alpha_2. \tag{5.30}$$

Führt man nun unter Beachtung des Zusammenhanges (5.25) den Vergleich mit den klassischen Gleichungen (5.23) und (5.24) durch, so ergeben sich die Werte der Parameter γ, α_1 und α_2 offenbar zu

$$\gamma = \gamma_1 + \gamma_2, \quad \alpha_1 = \gamma_1, \quad \alpha_2 = \gamma_2. \tag{5.31}$$

Wir kontrollieren noch das Bestehen der Vertauschungsrelation für die Operatoren a_μ und a_μ^+. Aus Gl. (5.26) und der dazu hermitesch adjungierten Gleichung erhält man unter Zuhilfenahme der Voraussetzung (5.20)

$$\begin{aligned}\langle\{a_\mu(t), a_\mu^+(t)\}\rangle &= \langle\{a_\mu(0), a_\mu^+(0)\}\rangle\, e^{-\gamma t} \\ &+ \int_0^t \mathrm{d}t_1 \int_0^t \mathrm{d}t_2\, e^{-\left(i\varepsilon_\mu + \frac{\gamma}{2}\right)(t-t_1)} \\ &\times e^{\left(i\varepsilon_\mu - \frac{\gamma}{2}\right)(t-t_2)} \langle\{\Gamma_\mu(t_1), \Gamma_\mu^+(t_2)\}\rangle.\end{aligned} \tag{5.32}$$

Macht man noch Gebrauch von Gln. (5.18) und (5.19), so kann man fortfahren

$$\begin{aligned}\langle\{a_\mu(t), a_\mu^+(t)\}\rangle &= e^{-\gamma t} + (\alpha_1 + \alpha_2) \int_0^t \mathrm{d}t_1\, e^{-\gamma(t-t_1)} \\ &= e^{-\gamma t} + \frac{\alpha_1 + \alpha_2}{\gamma}(1 - e^{-\gamma t}),\end{aligned} \tag{5.33}$$

und setzt man hier die Werte (5.31) für die Parameter γ, α_1 und α_2 ein, so entsteht das gewünschte Ergebnis

$$\langle\{a_\mu(t), a_\mu^+(t)\}\rangle = 1. \tag{5.34}$$

Wir haben damit einen, wie es scheint, zufriedenstellenden Formalismus zur quantenmechanischen Beschreibung der Pump- und Relaxationsvorgänge gefunden. Es soll jedoch nicht verschwiegen werden, daß die bei einem – etwa als Zwei-Niveau-System idealisierten – Atom auftretende Problematik grundsätzlich schwieriger ist als bei einem harmonischen Oszillator. Die Abweichung des Niveauschemas von den äquidistanten Energiestufen des harmonischen Oszillators bedeutet eine Nichtlinearität des atomaren Systems, die dafür verantwortlich ist, daß sich der obige Formalismus nicht in analoger Weise wie im Fall des harmonischen Oszillators gemäß der in Abschn. 5.2 durchgeführten Behandlung) begründen läßt. Es kann nämlich, wie eine genauere, mathematisch recht anspruchsvolle Untersuchung von SAUERMANN [62] zeigt, die (für den harmonischen Oszillator zutreffende) Konzeption nicht länger aufrechterhalten werden, daß die LANGEVIN-Kräfte als ungestörte Badgrößen aufzufassen sind. Man muß vielmehr annehmen, daß die Fluktuationsoperatoren im Fall des Atoms auch von den Atomoperatoren abhängen. Glücklicherweise kann man nachweisen, daß die Gln. (5.17) bis (5.19) trotz dieser Komplikation in sehr guter Näherung gelten (s. [62]). Die genannte Abhängigkeit der LANGEVIN-Kräfte von den Atomgrößen hat aber zur Folge, daß die Regel (3.28) zur Berechnung von Korrelationen höherer Ordnung außer Kraft gesetzt wird. Wir wollen diesen Punkt an Hand der Bewegungsgleichung für den Inversionsoperator σ_μ (gemäß Gl. (1.29)) etwas näher erläutern.

Die zeitliche Änderung von σ_μ folgt aus Gl. (5.16), wenn wir daraus die Bewegungsgleichungen für $a_\mu^+ a_\mu$ und $a_\mu a_\mu^+$ herleiten und voneinander subtrahieren, zu

$$\frac{\partial}{\partial t}(a_\mu^+ a_\mu - a_\mu a_\mu^+) \equiv \dot{\sigma}_\mu = -\gamma\sigma_\mu + [\Gamma_\mu^+, a_\mu] + [a_\mu^+, \Gamma_\mu]. \tag{5.35}$$

Wir machen nun die – nach dem Gesagten ungerechtfertigte – Annahme, daß $\Gamma_\mu(t)$ ein ungestörter Badoperator sei. Dann wirkt der genannte Operator im Systemraum (Teil-HILBERT-Raum des Atoms) als Einsoperator und kommutiert daher mit den Atomoperatoren im Anfangszeitpunkt, so daß wir unter Verwendung von Gl. (5.26) für den letzten Kommutator auf der rechten Seite von Gl. (5.35) schreiben können

$$[a_\mu^+(t), \Gamma_\mu(t)] = \int_0^t e^{\left(i\varepsilon_\mu - \frac{\gamma}{2}\right)(t-t')} [\Gamma_\mu^+(t'), \Gamma_\mu(t)]\, dt'. \tag{5.36}$$

Wir bemerken, daß diese Gleichung in jedem Fall für $\gamma t/2 \gg 1$ gilt — gleichgültig, ob $\Gamma_\mu(t)$ ein ungestörter Badoperator ist oder nicht —, weil dann nach Gl. (5.26) der Anfangswert $a_\mu^+(0)$ abgeklungen ist.

Nun kennen wir, wenn wir keine zusätzlichen Voraussetzungen über die Badatome machen, nur den *Erwartungswert* des Ausdruckes $\exp\{i\varepsilon_\mu(t-t')\}[\Gamma_\mu^+(t'), \Gamma_\mu(t)]$, der sich nach Gln. (5.18), (5.19) und (5.31) zu

$$e^{i\varepsilon_\mu(t-t')} \langle[\Gamma_\mu^+(t'), \Gamma_\mu(t)]\rangle = (\gamma_1 - \gamma_2)\, \delta(t'-t) \tag{5.37}$$

ergibt. Damit wird

$$\langle[a_\mu^+(t), \Gamma_\mu(t)]\rangle = \frac{\gamma_1 - \gamma_2}{2}. \tag{5.38}$$

Der Kommutator $[\Gamma_\mu^+, a_\mu]$ in Gl. (5.35) ist offenbar das hermitesch Adjungierte zu $[a_\mu^+, \Gamma_\mu]$. Damit stimmen die Erwartungswerte der beiden Kommutatoren in Gl. (5.35) überein.

Wir führen nun zweckmäßig einen Operator S_μ durch folgende Definition ein

$$S_\mu \equiv [\Gamma_\mu^+, a_\mu] + [a_\mu^+, \Gamma_\mu] - \langle[\Gamma_\mu^+, a_\mu]\rangle - \langle[a_\mu^+, \Gamma_\mu]\rangle. \tag{5.39}$$

Dieser Operator hat, da sein Erwartungswert offensichtlich verschwindet, wieder den Charakter einer Fluktuationsgröße, und wir können mit seiner Hilfe Gl. (5.35) auf eine Form bringen, die der von Gl. (5.16) analog ist, nämlich

$$\dot{\sigma}_\mu = -\gamma(\sigma_\mu - \sigma_0^A) + S_\mu \tag{5.40}$$

mit[1])

$$\sigma_0^A = \frac{\gamma_1 - \gamma_2}{\gamma}. \tag{5.41}$$

Hier haben wir wieder eine Abänderung der ungestörten Bewegungsgleichung $\dot{\sigma}_\mu = 0$ (s. Gl. (1.38) für $k_\lambda^{(\mu)} = 0$) vor uns, und zwar erstens durch einen Term, der zum Ausdruck bringt, daß sich — im Zusammenspiel von Pump- und Relaxationsvorgängen — nach einiger Zeit eine Gleichgewichtsinversion σ_0^A einstellt (und der schon allein aus den Bilanzgleichungen folgt) und zweitens durch ein aus quantenmechanischen Konsistenzgründen notwendiges „Anhängsel", nämlich eine Fluktuationsgröße.

Berechnet man nun die Korrelationsfunktion $\langle S_\mu(t_1) S_\mu(t_2)\rangle$, so treten entsprechend der Definition von S_μ (Gl. (5.39)) Korrelationsfunktionen zweiter Ordnung bezüglich der Operatoren Γ_μ, Γ_μ^+ auf. Wendet man auf sie die Regel (3.27) an[2]), so findet man

$$\langle S_\mu(t_1) S_\mu(t_2)\rangle = 0. \tag{5.42}$$

Dieses Resultat ist nicht erstaunlich, denn für den Fall, daß das Bad aus harmonischen Oszillatoren besteht (was für die Behandlung des Pumpens und der Relaxationen eine sehr realistische Annahme bedeutet, da sich

[1]) Der Index A bei σ_0^A soll deutlich machen, daß es sich um die auf ein Atom bezogene Inversion handelt, im Unterschied zu der in Kapitel 3 eingeführten Gesamtinversion $\sigma_0 = N\sigma_0^A$ (mit N als Zahl der aktiven Atome).

[2]) Diese Regel bleibt, wie man leicht nachprüft, auch für Operatoren richtig, die sich additiv aus Anteilen verschiedener, voneinander unabhängiger Bäder zusammensetzen, wenn sie für die jeweiligen Anteile gilt. Es bleibt uns daher unbenommen, uns das Gesamtbad etwa aus zwei Bädern verschiedener Temperatur bestehend zu denken.

ja das Bad bei optischem Pumpen und Realisierung des Relaxationsprozesses durch spontane Emission aus sehr vielen Eigenschwingungen des Strahlungsfeldes, also tatsächlich aus harmonischen Oszillatoren zusammensetzt), ist der Kommutator $[\Gamma_\mu^+(t'), \Gamma_\mu(t)]$ a priori eine c-Zahl (s. Gl. (2.6)), und diese Aussage überträgt sich gemäß Gl. (5.36) auf die Kommutatoren in Gl. (5.39), die daher mit ihren Erwartungswerten identisch werden, so daß sogar exakt $S_\mu = 0$ gilt.

Mit der Eigenschaft (5.42) des Operators S_μ ist aber Gl. (5.40) quantenmechanisch nicht korrekt. In einer genauen quantenmechanischen Theorie gilt ja, wie man mit Hilfe der Vertauschungsrelationen (1.25) und (1.26) leicht verifiziert, die Beziehung

$$\sigma_\mu^2 \equiv (a_\mu^+ a_\mu - a_\mu a_\mu^+)^2 = (a_\mu^+ a_\mu)^2 + (a_\mu a_\mu^+)^2$$
$$= a_\mu^+ a_\mu + a_\mu a_\mu^+ = 1\,, \tag{5.43}$$

die im besonderen die Erwartungswertgleichung

$$\langle\sigma_\mu^2\rangle = 1 \tag{5.44}$$

impliziert. Die letztere Relation ist aber bei Gültigkeit von Gl. (5.42) im allgemeinen nicht befriedigt, wie wir zeigen wollen.

Zunächst folgt aus Gl. (5.40) durch Integration

$$\sigma_\mu(t) = e^{-\gamma t}\,\sigma_\mu(0) + \int_0^t e^{-\gamma(t-t')}[\gamma\sigma_0^A + S_\mu(t')]\,dt'$$
$$= e^{-\gamma t}\,\sigma_\mu(0) + \sigma_0^A(1 - e^{-\gamma t}) + \int_0^t e^{-\gamma(t-t')}\,S_\mu(t')\,dt' \tag{5.45}$$

oder, wenn wir uns gleich auf den stationären Fall $t \gg \gamma^{-1}$ beschränken,

$$\sigma_\mu(t) = \sigma_0^A + \int_0^t e^{-\gamma(t-t')}\,S_\mu(t')\,dt'\,, \tag{5.46}$$

und daraus ergibt sich offenbar

$$\langle \sigma_\mu^2(t) \rangle = (\sigma_0^A)^2 \tag{5.47}$$

für den Fall, daß keine Korrelationen zwischen $S_\mu(t_1)$ und $S_\mu(t_2)$ bestehen. Nur in dem Spezialfall unendlich starken Pumpens ($\sigma_0^A = 1$) ist also die quantenmechanische Relation (5.44) erfüllt.

Damit kommen wir zu der Feststellung, daß im Normalfall $\sigma_0^A < 1$ (in praxi gilt beim Laser sogar $0 < \sigma_0^A \ll 1$) die — für ungestörte Badoperatoren sicher richtige — Regel (3.27) zur Berechnung von Korrelationsfunktionen zweiter Ordnung bezüglich der Fluktuationsoperatoren Γ_μ, Γ_μ^+ nicht mehr gelten kann, was, wie oben erwähnt, als eine Folge der Abhängigkeit der genannten Operatoren von den Atomoperatoren zu verstehen ist.

Man kann nun umgekehrt so argumentieren: Wenn der auf der Konzeption der Fluktuationsoperatoren mit Markowschem Verhalten beruhende quantenmechanische Formalismus konsistent ist (was von Sauermann [62] gezeigt wurde), dann muß er auch Gl. (5.44) liefern. Da zu vermuten ist, daß auch die Größe S_μ Markow-Charakter besitzen wird (ein entsprechender Beweis findet sich in [62]), können wir somit den Ansatz machen

$$\langle S_\mu(t_1) S_\mu(t_2) \rangle = c\,\delta(t_1 - t_2) \tag{5.48}$$

und den Parameter c gerade so bestimmen, daß Gl. (5.44) befriedigt wird, wobei wir uns zur Vereinfachung wieder auf den Gleichgewichtsfall $t \gg \gamma^{-1}$ spezialisieren, der uns letztlich nur interessiert. Aus Gl. (5.46) finden wir so unter Verwendung von Gl. (5.48)

$$\langle \sigma_\mu^2(t) \rangle = (\sigma_0^A)^2 + c \int_0^t e^{-2\gamma(t-t')} dt' = (\sigma_0^A)^2 + \frac{c}{2\gamma}$$

$$(\text{für } \gamma t \gg 1), \tag{5.49}$$

und der Wert von c ist damit gegeben durch

$$c = 2\gamma\,[1 - (\sigma_0^A)^2] = 8\,\frac{\gamma_1\gamma_2}{\gamma}. \tag{5.50}$$

Wir haben damit — im Vertrauen auf die grundsätzliche Richtigkeit der Konzeption der LANGEVIN-Kräfte — „den Spieß umgedreht" und sagen: Die Korrelationsfunktionen zweiter Ordnung für die Fluktuationsoperatoren Γ_μ, Γ_μ^+ kennen wir zunächst (wegen der Abhängigkeit der letzteren von den Atomoperatoren) nicht, sie müssen aber so beschaffen sein, daß Gl. (5.44) gilt, was wieder Rückschlüsse auf die genannten Korrelationen erlaubt.

Es ist also Gl. (5.40) als eine weitere Gleichung zu Gl. (5.16) hinzuzunehmen, die — über die Beziehungen (5.48) und (5.50) — durchaus neue Informationen enthält, nämlich, wie eben erläutert, solche über die Korrelationsfunktionen zweiter Ordnung für die Fluktuationsoperatoren Γ_μ, Γ_μ^+.

Wir bemerken noch, daß aus Gl. (5.26) — unter Zuhilfenahme der Beziehung (5.20) — die (zu Gl. (4.11) analoge) Aussage

$$\langle a_\mu^+(t_1)\,\Gamma_\mu(t_2)\rangle = 0 \qquad \text{für } t_1 < t_2 \tag{5.51}$$

unmittelbar aus dem MARKOW-Charakter der LANGEVIN-Kräfte folgt. Das für $a_\mu^+(t_1)$ und $\Gamma_\mu(t_2)$ Gesagte gilt gleichermaßen für die Operatoren $\sigma_\mu(t_1)$ und $S_\mu(t_2)$. Damit bleibt dann also die Konzeption voll gültig, daß die LANGEVIN-Kräfte keine Notiz von Systemgrößen nehmen, die sich auf frühere Zeiten beziehen, d. h. statistisch unabhängig von ihnen sind; dagegen beeinflussen sie die Atomgrößen zur gleichen Zeit und zu späteren Zeiten, so daß Korrelationen der Form $\langle a_\mu^+(t_1)\,\Gamma_\mu(t_2)\rangle$ sowie $\langle\sigma_\mu(t_1)\,S_\mu(t_2)\rangle$ für $t_1 \geq t_2$ existieren.

Schließlich ist noch zu erwarten, daß im Gleichgewichtsfall zwischen den Operatoren Γ_μ bzw. Γ_μ^+ und S_μ

keine Korrelationen bestehen:

$$\langle \Gamma_\mu(t_1) S_\mu(t_2)\rangle = \langle \Gamma_\mu^+(t_1) S_\mu(t_2)\rangle = 0. \qquad (5.52)$$

Dies wäre für den Fall, daß es sich um reine (ungestörte) Badgrößen handelte, evident, weil die gemäß Gl. (5.39) auftretenden Erwartungswerte von Produkten aus jeweils drei Operatoren Γ_μ, Γ_μ^+ dann exakt verschwinden würden. Wegen der Abhängigkeit der Fluktuationsoperatoren von den Systemgrößen bedarf die Behauptung jedoch eines gesonderten Beweises, der in [62] gegeben wurde.

5.6. Quantenmechanisch konsistente Grundgleichungen für den Laserprozeß

Nachdem wir in den vorhergehenden Abschnitten einen befriedigenden quantenmechanischen Formalismus zur Beschreibung der Dämpfung eines (in einer einzigen Eigenschwingung angeregten) Strahlungsfeldes sowie der Pump- und Relaxationsvorgänge bei einem Atom entwickelt haben, wollen wir nun die quantenmechanischen Grundgleichungen für den Laserprozeß im HEISENBERG-Bild aufschreiben, in denen die genannten Pump- bzw. Verlustmechanismen in quantenmechanisch konsistenter Weise berücksichtigt werden. Dazu gehen wir einfach so vor, daß wir die für die einzelnen Teilsysteme des Gesamtsystems: Atome + Strahlungsfeld — für den Fall fehlender Wechselwirkung zwischen ihnen! — erhaltenen Resultate zusammenfügen, genauer gesagt, daß wir die oben geschilderten Abänderungen der Bewegungsgleichungen für die Atom- und Strahlungsfeldoperatoren an dem — die Wechselwirkung zwischen den Atomen und dem Strahlungsfeld beinhaltenden — Gleichungssystem (1.32), (1.36) und (1.38) durchführen und annehmen, daß die oben angeführten Eigenschaften der Fluktuationsoperatoren dabei nicht geändert werden.

Letzteres ist nicht selbstverständlich, da nunmehr — wegen der Kopplung zwischen den Atomen und dem Strahlungsfeld — die LANGEVIN-Kräfte generell sowohl von Atom- als auch von Strahlungsfeldoperatoren abhängen (s. [63]); es ist aber zu erwarten, daß man von dieser Komplikation (zumindest für den Laserbetrieb in Schwellennähe) absehen kann, ohne einen großen Fehler in den Rechnungen zu begehen. Weiterhin wird man vermuten, daß Fluktuationsoperatoren, die sich auf verschiedene Mechanismen (einmal auf den Dämpfungsvorgang beim Strahlungsfeld und einmal auf die Pump- und Relaxationsprozesse bei den Atomen) beziehen, als statistisch unabhängig angesehen werden dürfen (in guter Näherung jedenfalls). Diese Aussage würde für den Fall, daß man die Fluktuationsoperatoren mit reinen Badoperatoren identifizieren könnte, unmittelbar aus der statistischen Unabhängigkeit der verschiedenen Bäder folgen. Wegen der erwähnten Abhängigkeit der Fluktuationsoperatoren von den Operatoren des Gesamtsystems ist sie jedoch nicht trivial. (Ein expliziter Beweis ihrer Richtigkeit findet sich in [42].)

Der Verlustmechanismus für das Strahlungsfeld, der in praxi hauptsächlich in der Beugung des Lichtes an den Resonatorspiegeln und im (teilweisen) Durchgang des Lichtes durch die Spiegel besteht, wird nach dem Obigen formal durch eine Dämpfungskonstante $\varkappa$ und einen Fluktuationsoperator F repräsentiert. Die thermische Ausstrahlung der Spiegel ist im Bereich optischer Wellenlängen bei Zimmertemperatur vernachlässigbar ($n_{th} \ll 1$); so daß praktisch nur die Korrelationsfunktion $\langle F(t_1) F^+(t_2)\rangle$ einen merklichen Beitrag liefert (s. Gln. (5.4)).

Was nun die Atome angeht, so müssen wir unser früheres Resultat zunächst auf den Fall vieler Atome verallgemeinern. Aus mathematischen Gründen ist es dabei am zweckmäßigsten, jedem Atom sein *eigenes* Pump- und Relaxationsbad zuzuordnen und vorauszusetzen, daß zwischen den auf verschiedene Atome bezüglichen LANGEVIN-Kräften keine Korrelationen bestehen. Die dem zugrundeliegende physikalische Vorstellung, daß verschiedene Atome sich weder durch den Pump- noch durch den Relaxationsmechanismus gegenseitig beeinflussen, ist sicher nur für räumlich weit voneinander entfernte Atome streng richtig; für Atome mit kleinem räumlichen Abstand wird eine schwache gegenseitige Kopplung über die genannten Prozesse existieren (bei Realisierung des Relaxationsvorganges durch spontane Emission beispielsweise hat das von einem Atom

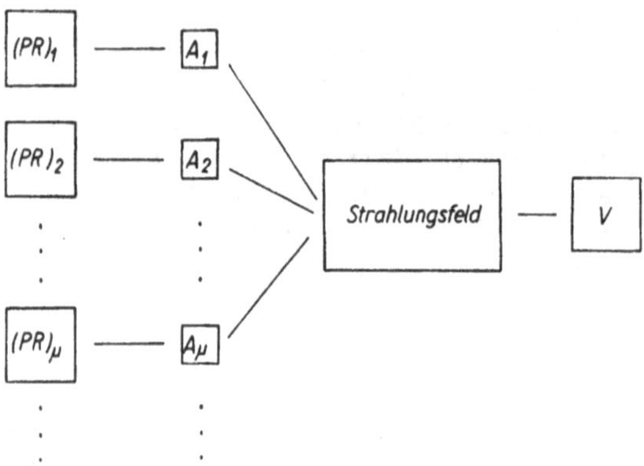

Abb. 2. Kopplung von Atomen, Strahlungsfeld und Bädern beim Laser. ($(PR)_\mu$ = Pump- und Relaxationsbad für das μ-te Atom A_μ, V = Verlustmechanismus für das Strahlungsfeld)

emittierte Quant einen — allerdings nur geringen — Einfluß auf die spontane Ausstrahlung der Nachbaratome), doch praktisch dürfte diese Kopplung kaum von Bedeutung sein.

Wir kommen damit zu dem in Abb. 2 skizzierten Kopplungsschema für die einzelnen Anteile des am Laservorgang beteiligten Gesamtsystems: Atome + Strahlungsfeld, und das zugehörige Gleichungssystem lautet, wenn wir von den Gln. (1.32), (1.36) und (1.38) ausgehen und die oben geschilderten Abänderungen vornehmen,

$$\dot{q}^+ = \left(i\omega - \frac{\varkappa}{2}\right) q^+ + i \sum_\mu k^{(\mu)*} a_\mu^+ + F^+, \tag{6.1}$$

$$\dot{a}_\mu^+ = \left(i\varepsilon - \frac{\gamma}{2}\right) a_\mu^+ - i k^{(\mu)} \sigma_\mu q^+ + \Gamma_\mu^+, \tag{6.2}$$

$$\dot{\sigma}_\mu = -\gamma(\sigma_\mu - \sigma_0^A) + 2i(k^{(\mu)} a_\mu q^+ - k^{(\mu)*} a_\mu^+ q) + S_\mu. \tag{6.3}$$

Der Einfachheit halber haben wir dabei vorausgesetzt, daß im Laserbetrieb nur eine Eigenschwingung des Strahlungsfeldes angeregt ist (und entsprechend den Index λ weggelassen) und daß keine inhomogene Verbreiterung der Atomlinie vorliegt, d. h., daß der Niveauabstand $\hbar\varepsilon_\mu$ für alle Atome der gleiche ist ($\varepsilon_\mu = \varepsilon$).

Physikalisch interessant ist, wie in einer späteren Untersuchung deutlich werden wird, der Umstand, daß die Dämpfungskonstante γ für die Atome nicht allein durch die (auf die Zeiteinheit bezogene) Wahrscheinlichkeit γ_2 für den Relaxationsübergang, sondern gleichermaßen durch die entsprechende Wahrscheinlichkeit γ_1 für den durch das Pumpen bewirkten gegenläufigen Prozeß festgelegt wird. Explizit gilt ja gemäß Gln. (5.31) die einfache Beziehung

$$\gamma = \gamma_1 + \gamma_2. \tag{6.4}$$

Die in Gl. (6.3) auftretende Größe σ_0^A hat die Bedeutung der Gleichgewichtsinversion (pro Atom), die sich im Gegenspiel von Pump- und Relaxationsvorgängen (bei abgeschaltetem Laserfeld) einstellt. Ihr Wert ist nach Gl. (5.41) gegeben durch

$$\sigma_0^A = \frac{\gamma_1 - \gamma_2}{\gamma}. \tag{6.5}$$

Gemäß den früheren Resultaten drückt sich unsere Kenntnis der Fluktuationsoperatoren in folgenden Formeln aus

$$\langle F^+(t)\rangle = \langle F(t)\rangle = \langle F^+(t_1)F^+(t_2)\rangle = \langle F(t_1)F(t_2)\rangle = 0, \tag{6.6}$$

$$e^{i\omega(t_2-t_1)}\langle F^+(t_1)F(t_2)\rangle = \varkappa n_{th}\delta(t_1-t_2) \approx 0, \tag{6.7}$$

$$e^{i\omega(t_1-t_2)}\langle F(t_1)F^+(t_2)\rangle = \varkappa(n_{th}+1)\,\delta(t_1-t_2) \approx \varkappa\delta(t_1-t_2), \tag{6.8}$$

$$\langle \Gamma_\mu^+(t)\rangle = \langle \Gamma_\mu(t)\rangle = \langle \Gamma_\mu^+(t_1)\Gamma_\mu^+(t_2)\rangle = \langle \Gamma_\mu(t_1)\Gamma_\mu(t_2)\rangle = 0, \tag{6.9}$$

$$e^{i\varepsilon(t_2-t_1)}\langle \Gamma_\mu^+(t_1)\Gamma_\mu(t_2)\rangle = \gamma_1\delta(t_1-t_2), \tag{6.10}$$

$$e^{i\varepsilon(t_1-t_2)}\langle \Gamma_\mu(t_1)\,\Gamma_\mu^+(t_2)\rangle = \gamma_2\delta(t_1-t_2), \tag{6.11}$$

$$\langle S_\mu(t_1)S_\mu(t_2)\rangle = c\;\delta(t_1-t_2) \tag{6.12}$$

mit

$$c = 8\,\frac{\gamma_1\gamma_2}{\gamma}. \tag{6.13}$$

Weiterhin nehmen wir — entsprechend den obigen Bemerkungen — an, daß keine Korrelationen zwischen solchen Fluktuationsoperatoren bestehen, die zu verschiedenen Mechanismen gehören. Darüber hinaus übernehmen wir die Relation (5.52) und halten schließlich auch an der Konzeption fest, daß generell keine Korrelationen zwischen Fluktuationsoperatoren zu einer Zeit t_2 und Systemoperatoren zu einer früheren Zeit $t_1 < t_2$ existieren (s. Gl. (5.51)).

Wir wollen nun die physikalische Bedeutung der Fluktuationsoperatoren noch etwas näher erläutern. Ganz allgemein kann man sagen, daß sie quantenmechanischen Ursprungs sind (sie kamen ja aus quantenmechanischen Konsistenzgründen in die Bewegungsgleichungen hinein); sie beschreiben daher Schwankungen der interessierenden physikalischen Größen, die auch dann noch stattfinden, wenn stationäres Gleichgewicht unter idealen experimentellen Bedingungen vorliegt (z. B. bei genau fixiertem Abstand der Resonatorspiegel, zeitlich exakt konstanter Intensität der Pumpstrahlung u. ä.).

Die Operatoren F und F^+ im besonderen repräsentieren die mit dem Verlustmechanismus für das Strahlungsfeld, also dem Verschwinden von Photonen aus dem Resonator verknüpften Fluktuationen, die — denken wir der Einfachheit halber an einen Absorber — ihre physikalische Ursache offenbar in der quantenmechanisch-statistischen Natur des Absorptionsvorganges haben: Entweder wird ein „ganzes" Photon absorbiert oder gar keins, und der Zeit„punkt" des Absorptionsaktes ist nicht vorhersagbar, die Absorption erfolgt statistisch, und das bedingt eine Fluktuation in der Zahl der im Resonator befindlichen Photonen.

Die Operatoren Γ_μ und Γ_μ^+ beschreiben sowohl durch den Pump- als auch durch den Relaxationsprozeß verursachte Fluktuationen von physikalischen Größen des μ-ten Atoms. Bemerkenswert ist, daß sich in unserem Formalismus die den beiden Einzelprozessen entsprechenden Einflüsse nicht voneinander trennen lassen. Die in Rede stehenden Fluktuationen beinhalten nun zwei physikalische Effekte; erstens eine gewisse Schwankung in den Besetzungszahlen bzw. der Inversion des μ-ten Atoms gemäß dem statistisch-sprunghaften Charakter der Pump- und Relaxationsvorgänge (der Pumpprozeß ist ja im Fall optischen Pumpens nichts anderes als eine Absorption) und zweitens eine „phasenzerstörende" Wirkung auf das elektrische Dipolmoment des Atoms (s. hierzu auch [31, 32]). Letztere läßt sich am einfachsten im Bild der semiklassischen Theorie erläutern: Normalerweise befindet sich das am Laserprozeß beteiligte Atom in einem Überlagerungszustand aus den Wellenfunktionen für das obere und das untere Niveau, und dementsprechend kommt ihm ein von Null verschiedener Erwartungswert des elektrischen Dipolmomentes (in Feldrichtung) zu. Findet jedoch ein Pump- oder Relaxations-„akt" statt, so geht das Atom sprunghaft entweder in das obere oder das untere Niveau über, und nach den Ergebnissen von Abschn. 4.1 verschwindet damit der genannte Erwartungswert (und muß sich anschließend unter der Einwirkung des elektrischen Feldes erst erneut, von Null anwachsend, ausbilden). Vermeidet man das semiklassische Bild, so kann man den Sachverhalt so ausdrücken: Es werden durch die Pump- und Relaxationsprozesse die Korrelationen zwischen den elektrischen Dipolmomenten der Atome und der elektrischen Feldstärke zerstört.

Der in der Bewegungsgleichung des Inversionsoperators auftretende Operator S_μ schließlich ist, wie oben ausgeführt wurde, aus den Operatoren Γ_μ und Γ_μ^+ aufgebaut; da die Inversion keine Phasenbeziehung zwischen den beiden Atomniveaus enthält (die Phasenanteile der Operatoren a_μ und a_μ^+ kompensieren sich bei der Bildung des Inversionsoperators gemäß Gl. (1.29)), gibt S_μ gerade explizit allein die Schwankungen in den Besetzungszahlen wieder; die „phasenzerstörenden" Auswirkungen der Pump- und Relaxationsvorgänge kommen also nur in den Operatoren Γ_μ, Γ_μ^+ zum Ausdruck.

5.7. Elimination der Atomoperatoren

Mit den Gln. (6.1) bis (6.3) ist der erste Schritt einer vollständig quantenmechanischen Behandlung des Laservorganges, nämlich die Aufstellung quantenmechanisch konsistenter Bewegungsgleichungen, getan. Nunmehr liegt die Aufgabe vor uns, das genannte Gleichungssystem (näherungsweise) zu lösen. Da wir hauptsächlich an den Eigenschaften des Strahlungsfeldes interessiert sind, wollen wir zunächst die Atomoperatoren aus der Gleichung für $\dot{q}^+$ (Gl. (6.1)) zu eliminieren versuchen.

Zu diesem Zweck integrieren wir zuerst Gl. (6.2). Fassen wir den Ausdruck $-ik^{(\mu)}\sigma_\mu q^+ + \Gamma_\mu^+$ als Inhomogenität auf, so erhalten wir, wenn wir den Anfangszeitpunkt mit t_0 bezeichnen, nach der schon öfter verwendeten Methode der Variation der Konstanten die folgende formale Lösung

$$a_\mu^+(t) = a_\mu^+(t_0)\, e^{\left(i\varepsilon - \frac{\gamma}{2}\right)(t - t_0)} - ik^{(\mu)} \int_{t_0}^{t} e^{\left(i\varepsilon - \frac{\gamma}{2}\right)(t - t')}\, \sigma_\mu(t') q^+(t')\, \mathrm{d}t' + \int_{t_0}^{t} e^{\left(i\varepsilon - \frac{\gamma}{2}\right)(t - t')}\, \Gamma_\mu^+(t')\, \mathrm{d}t'. \tag{7.1}$$

Da wir uns im folgenden auf die Untersuchung des stationären Zustandes beschränken wollen, setzen wir formal $t_0 = -\infty$ (bei einem endlichen Wert von t). Dann verschwindet der Beitrag der homogenen Lösung — wie es sein muß, da dieser Term über den Operator $a_\mu^+(t_0)$ Information über den Ausgangszustand enthält und der stationäre Zustand andererseits nicht vom speziellen Ausgangszustand abhängen darf —, und aus Gl. (7.1) entsteht

$$a_\mu^+(t) = -ik^{(\mu)} \int_{-\infty}^{t} e^{\left(i\varepsilon - \frac{\gamma}{2}\right)(t - t')}\, \sigma_\mu(t') q^+(t')\, \mathrm{d}t' + \int_{-\infty}^{t} e^{\left(i\varepsilon - \frac{\gamma}{2}\right)(t - t')}\, \Gamma_\mu^+(t')\, \mathrm{d}t'. \tag{7.2}$$

Wir setzen nun Resonanz zwischen den Atomen und dem Strahlungsfeld voraus. Nach den Ergebnissen der LAMBschen Theorie können wir dann erwarten, daß sich die (mittlere) Frequenz des Strahlungsfeldes unter der Einwirkung der Atome nicht ändert, d. h., daß sich der

Photonenerzeugungsoperator $q^+(t)$ in der Form

$$q^+(t) = \tilde{q}^+(t)\, e^{i\omega t} \tag{7.3}$$

darstellen läßt, wobei $\tilde{q}^+(t)$ einen zeitlich schwach veränderlichen Operator bezeichnen soll. Wir nehmen, genauer gesagt, im folgenden an, daß sich sowohl der Operator $\tilde{q}^+(t)$ als auch der Operator $\sigma_\mu(t)$ in Zeiten von der Größenordnung $2/\gamma$ wenig ändern. (Im Endergebnis werden wir uns davon überzeugen, daß diese Vorstellung gerechtfertigt ist.) Wir können dann in dem ersten Integral in Gl. (7.2) (das sich offenbar effektiv über das Zeitintervall $t - 2/\gamma \ldots t$ erstreckt) nach Einsetzen der Beziehung (7.3) die Operatoren $\tilde{q}^+(t')$ und $\sigma_\mu(t')$ näherungsweise durch die entsprechenden Werte zur Zeit t ersetzen und kommen so, wenn wir die verbleibende Zeitintegration explizit ausführen und $\tilde{q}^+(t)$ mit dem Faktor $\exp\{i\omega t\}$ wieder zu $q^+(t)$ zusammenfassen, zu dem Ergebnis

$$a_\mu^+(t) = -\frac{2i}{\gamma}\, k^{(\mu)} q^+(t)\, \sigma_\mu(t) + \Xi_\mu^+(t), \tag{7.4}$$

wobei wir noch die Abkürzung

$$\Xi_\mu^+(t) \equiv \int_{-\infty}^{t} e^{\left(i\varepsilon - \frac{\gamma}{2}\right)(t-t')}\, \Gamma_\mu^+(t')\, \mathrm{d}t' \tag{7.5}$$

eingeführt haben.

Wir berechnen an dieser Stelle gleich die für das Spätere benötigten Korrelationsfunktionen erster Ordnung für die Operatoren Ξ_μ^+ und die dazu hermitesch adjungierten Größen. Aus der Definition (7.5) folgt, wenn wir die Beziehung (6.10) beachten,

$$\langle \Xi_\mu^+(t_1)\, \Xi_\mu(t_2) \rangle$$

$$= \gamma_1\, e^{i\omega(t_1-t_2)} \int_{-\infty}^{t_1} dt' \int_{-\infty}^{t_2} dt''\, e^{-\frac{\gamma}{2}(t_1-t')}\, e^{-\frac{\gamma}{2}(t_2-t'')}\, \delta(t'-t''). \tag{7.6}$$

Wir führen nun zweckmäßig diejenige Integration zuerst aus, die dem längeren Integrationsweg entspricht, also beispielsweise für $t_1 > t_2$ die Integration über t'. Dann erstreckt sich diese Integration über die Singularität $t' = t''$ der δ-Funktion hinweg, und wir erhalten

$$\langle \Xi_\mu^+(t_1)\, \Xi_\mu(t_2)\rangle = \gamma_1\, e^{i\omega(t_1-t_2)}\, e^{-\frac{\gamma}{2}(t_1+t_2)} \int\limits_{-\infty}^{t_2} e^{\gamma t''}\, \mathrm{d}t''$$

$$= \frac{\gamma_1}{\gamma}\, e^{i\omega(t_1-t_2)}\, e^{-\frac{\gamma}{2}(t_1-t_2)} \quad (\text{für } t_1 > t_2). \quad (7.7)$$

In analoger Weise ergibt sich im Fall $t_2 > t_1$ das umgekehrte Vorzeichen im Exponenten der zweiten Exponentialfunktion, so daß allgemein gilt

$$\langle \Xi_\mu^+(t_1)\, \Xi_\mu(t_2)\rangle = \frac{\gamma_1}{\gamma}\, e^{i\omega(t_1-t_2)}\, e^{-\frac{\gamma}{2}|t_1-t_2|}. \quad (7.8)$$

Entsprechend berechnet man unter Verwendung von Gl. (6.11) leicht die Korrelationsfunktion, bei der die Reihenfolge der Operatoren vertauscht ist, zu

$$\langle \Xi_\mu(t_1)\, \Xi_\mu^+(t_2)\rangle = \frac{\gamma_2}{\gamma}\, e^{i\omega(t_2-t_1)}\, e^{-\frac{\gamma}{2}|t_1-t_2|}. \quad (7.9)$$

Die Operatoren $\Xi_\mu^+(t)$ und $\Xi_\mu(t)$, die gemäß Gl. (7.5) durch Integration über die bis zur Zeit $t' \approx t - 2/\gamma$ zurückreichende Vergangenheit aus den Fluktuationsoperatoren Γ_μ^+ bzw. Γ_μ hervorgehen, sind somit nicht mehr vom Markowschen Typ; sie haben vielmehr ein „Gedächtnis" für Zeiträume von der Größenordnung $2/\gamma$.

Setzen wir nun den Ausdruck (7.4) in Gl. (6.1) ein, so erhalten wir die Differentialgleichung

$$\dot{q}^+ = \left(i\omega - \frac{\varkappa}{2} + \frac{2}{\gamma}\sum_\mu |k^{(\mu)}|^2\, \sigma_\mu\right) q^+ + i\sum_\mu k^{(\mu)*}\, \Xi_\mu^+ + F^+. \quad (7.10)$$

Diese Gleichung enthält noch die Atomoperatoren σ_μ, die wir ebenfalls durch Strahlungsfeldgrößen (sowie zusätzliche

Rauschterme) auszudrücken haben, was auf eine Integration von Gl. (6.3) hinausläuft. Offenbar benötigen wir die Inversionsoperatoren σ_μ nicht einzeln, sondern nur in der Kombination $\sum_\mu |k^{(\mu)}|^2 \sigma_\mu$. Nun läßt sich, wie wir sogleich zeigen werden, in dem hier betrachteten Fall einer homogen verbreiterten Atomlinie sehr leicht eine Näherungslösung für den Operator der Gesamtinversion, also für

$$\sigma \equiv \sum_\mu \sigma_\mu \tag{7.11}$$

angeben. (Der kompliziertere Fall einer inhomogenen Niveauverbreiterung wurde u. a. von BRUNNER [10, 11] behandelt.) Aus Gründen der mathematischen Einfachheit ist es daher vorteilhaft anzunehmen, daß die im Laserbetrieb angeregte Eigenschwingung des Strahlungsfeldes durch eine *laufende* ebene Welle repräsentiert wird (was sich etwa bei einem Ringlaser auch experimentell realisieren läßt), so daß

$$|k^{(\mu)}|^2 = k^2 \quad \text{(unabhängig von } \mu) \tag{7.12}$$

und damit

$$\sum_\mu |k^{(\mu)}|^2 \sigma_\mu = k^2 \sigma \tag{7.13}$$

gilt.

Bei der expliziten Berechnung von σ machen wir Gebrauch von der Tatsache, daß der in Gl. (6.3) auftretende Kopplungsterm auch in der Gleichung für die zeitliche Änderung des Photonenzahloperators q^+q in Erscheinung tritt. In der Tat folgt aus Gl. (6.1) durch rechtsseitige Multiplikation mit q und Addition der hermitesch adjungierten Gleichung die Relation

$$\frac{\partial}{\partial t}(q^+q) = -\varkappa q^+q - i\sum_\mu (k^{(\mu)} a_\mu q^+ - k^{(\mu)*} a_\mu^+ q) + F^+q + q^+F. \tag{7.14}$$

Verwenden wir diese Beziehung zur Elimination des Kopplungsterms in Gl. (6.3), nachdem wir dort über alle Atome μ summiert haben, so entsteht die Differentialgleichung

$$\dot{\sigma} = \gamma(\sigma_0 - \sigma) - 2\frac{\delta}{\delta t}(q^+q) - 2\varkappa q^+q + 2(F^+q + q^+F) + S \tag{7.15}$$

mit

$$\sigma_0 = N\sigma_0^A \tag{7.16}$$

als der durch den Pumpvorgang (bei abgeschaltetem Laserfeld) erzeugten Gesamtinversion der Atome, deren Anzahl wir mit N bezeichnen, und der Abkürzung

$$S \equiv \sum_\mu S_\mu . \tag{7.17}$$

Durch Integration von Gl. (7.15) finden wir die Beziehung

$$\begin{aligned}\sigma(t) = \sigma_0 - 2\int_{-\infty}^{t} e^{-\gamma(t-t')}\frac{\partial}{\partial t'}[q^+(t')\,q(t')]\,\mathrm{d}t' \\ - 2\varkappa\int_{-\infty}^{t} e^{-\gamma(t-t')}\,q^+(t')\,q(t')\,\mathrm{d}t' + \sigma_R(t),\end{aligned} \tag{7.18}$$

wobei wir den von den Fluktuationsoperatoren F, F^+ und S abhängenden Rauschterm mit

$$\sigma_R(t) = \int_{-\infty}^{t} e^{-\gamma(t-t')}\,\{2F^+(t')q(t') + 2q^+(t')F(t') + S(t')\}\,\mathrm{d}t' \tag{7.19}$$

abgekürzt haben.

Das erste Integral auf der rechten Seite von Gl. (7.18) können wir durch partielle Integration umformen in

$$\begin{aligned}&\int_{-\infty}^{t} e^{-\gamma(t-t')}\frac{\partial}{\partial t'}[q^+(t')q(t')]\,\mathrm{d}t' \\ &= q^+(t)q(t) - \gamma\int_{-\infty}^{t} e^{-\gamma(t-t')}\,q^+(t')q(t')\,\mathrm{d}t',\end{aligned} \tag{7.20}$$

und da wir entsprechend der obigen Annahme über $\tilde{q}^+(t)$ den Operator $q^+(t)q(t) = \tilde{q}^+(t)\tilde{q}(t)$ als schwach veränderlich in der Zeit $1/\gamma$ ansehen dürfen, gelangen wir schließlich zu folgendem (näherungsweise gültigen) Ausdruck[1]) für den Operator der Gesamtinversion

$$\sigma = \sigma_0 - \frac{2\varkappa}{\gamma} q^+ q + \sigma_R. \tag{7.21}$$

Offenbar beschreibt hier der erste Summand die Auswirkung des Pumpens und der Relaxationsübergänge auf die Besetzungsverhältnisse, der zweite Term den Einfluß der Intensität des Strahlungsfeldes auf die Inversion der Atome (also den in Abschn. 3.2 schon aus den Bilanzgleichungen gefolgerten Sättigungseffekt[2])), und der Rauschanteil σ_R schließlich gibt (im Rahmen der Bilanzgleichungen und der semiklassischen Theorie nicht erfaßbare) Fluktuationen der Inversion wieder, von denen sich allerdings zeigen wird, daß sie in Schwellennähe praktisch keinen Einfluß auf die Eigenschaften des Strahlungsfeldes haben.

Setzen wir nun (unter Beachtung von Gl. (7.13)) die Lösung (7.21) in Gl. (7.10) ein, so entsteht die folgende grundlegende Differentialgleichung zur Beschreibung des elektromagnetischen Feldes im Laser

$$\dot{q}^+ = \left(i\omega - \frac{\varkappa}{2} + \frac{2k^2}{\gamma}\sigma_0 - \frac{4k^2\varkappa}{\gamma^2} q^+ q\right) q^+ + i\sum_\mu k^{(\mu)*} \Xi_\mu^+$$
$$+ F^+ + \frac{2k^2}{\gamma}\sigma_R q^+. \tag{7.22}$$

---

[1]) Durch Differenzieren von Gl. (7.21) erkennt man übrigens, daß es sich dabei im Spezialfall $\varkappa = \gamma$ sogar um eine exakte Lösung handelt. In praxi gilt aber meist $\varkappa \ll \gamma$, so daß Gl. (7.21) doch nur Näherungscharakter besitzt.

[2]) Sowohl die aus den Bilanzgleichungen folgende Beziehung (2. 6), Kapitel 3, als auch Gl. (7.21) bringen eine Verminderung der Inversion mit zunehmender Photonenzahl zum Ausdruck, doch ist die entsprechende funktionale Abhängigkeit offenbar in beiden Fällen verschieden. Das ist wohl dadurch bedingt, daß bei den Bilanzgleichungen a priori (nämlich schon bei der Definition der Übergangswahrscheinlichkeiten) vorausgesetzt wurde, daß eine inhomogene Verbreiterung der Atomniveaus vorliegt, während sich Gl. (7.21) auf eine homogen verbreiterte Atomlinie bezieht und tatsächlich auch nur für diesen Fall gültig ist.

5.8. Amplituden- und Phasenfluktuationen der Laserstrahlung

Bevor wir uns mit der Lösung von Gl. (7.22) beschäftigen, wollen wir uns — um einen Anhaltspunkt zu haben — einen Näherungswert für die mittlere Photonenzahl $\langle q^+q\rangle$ beschaffen. Die Näherung besteht dabei darin, daß wir die Fluktuationsoperatoren in den Bewegungsgleichungen außer acht lassen. (Man wird vermuten, daß die Rauschterme nur einen geringen Einfluß auf $\langle q^+q\rangle$ haben und hauptsächlich für die Fluktuationen der Photonenzahl sowie der Phase von Bedeutung sind.) Durch Erwartungswertbildung ergibt sich dann aus Gl. (7.21) die folgende Relation für den Mittelwert der Photonenzahl

$$\langle q^+q\rangle \approx \frac{\gamma}{2\varkappa}(\sigma_0 - \langle\sigma\rangle). \tag{8.1}$$

Zur Auswertung dieser Gleichung benötigen wir noch einen Ausdruck für $\langle\sigma\rangle$, den wir aus Gl. (7.14) herleiten können. Setzen wir nämlich dort für a_μ^+ und a_μ die Näherungslösung (7.4) bzw. den dazu hermitesch adjungierten Ausdruck ein, so entsteht, wenn wir wieder die Rauschterme vernachlässigen und zum Erwartungswert übergehen, die Beziehung[1])

$$\frac{\partial}{\partial t}\langle q^+q\rangle \approx -\varkappa\langle q^+q\rangle + \frac{4k^2}{\gamma}\langle\sigma q^+q\rangle. \tag{8.2}$$

Nun verschwindet im stationären Zustand notwendig die linke Seite dieser Gleichung, und wir erhalten, wenn wir noch den Erwartungswert $\langle\sigma q^+q\rangle$ näherungsweise faktorisieren, für $\langle\sigma\rangle$ den Wert

$$\langle\sigma\rangle \approx \frac{\varkappa\gamma}{4k^2} \tag{8.3}$$

---

[1]) Dabei wurde beachtet, daß die Operatoren q und q^+ im Fall des Lasers wegen des sehr großen Wertes der mittleren Photonenzahl praktisch vertauschbar sind.

(ganz in Analogie zu der aus den Bilanzgleichungen folgenden Relation (2.4) in Kapitel 3). Aus Gl. (7.21) ersieht man, daß diese Faktorisierung (bei Vernachlässigung der Rauschterme) auf die Ersetzung von $\langle (q^+q)^2 \rangle$ durch $\langle q^+q \rangle^2$ hinausläuft, die im Fall einer amplitudenstabilisierten Strahlung, wie sie beim Laser vorliegt (s. u.), in guter Näherung zulässig ist. (Im Idealfall scharfer Photonenzahl gilt ja exakt $\langle (q^+q)^2 \rangle = \langle q^+q \rangle^2$.)

Setzen wir das Resultat (8.3) in Gl. (8.1) ein, so finden wir für die mittlere Photonenzahl den Ausdruck

$$\langle q^+q \rangle \approx n_0 \equiv \frac{\gamma}{2\varkappa} (\sigma_0 - \sigma_S) \tag{8.4}$$

mit

$$\sigma_S = \frac{\varkappa\gamma}{4k^2}. \tag{8.5}$$

Offenbar hat die Größe σ_S die Bedeutung des Schwellenwertes der Inversion: Damit ein stationärer Laserbetrieb stattfinden kann, müssen die experimentellen Parameter solche Werte besitzen, daß $\sigma_0 > \sigma_S$ gilt.

Führen wir die relative Inversion

$$\sigma_{\text{rel}} \equiv \frac{\sigma_0}{\sigma_S} = \frac{4k^2}{\varkappa\gamma} \sigma_0 \tag{8.6}$$

ein, so können wir Gl. (8.4) umschreiben in

$$n_0 = \frac{\gamma^2}{8k^2} (\sigma_{\text{rel}} - 1). \tag{8.7}$$

Die (positive) Abweichung der Größe σ_{rel} vom Wert Eins gibt dann an, wie weit man sich oberhalb der Laserschwelle befindet. Schwellennähe ist gleichbedeutend mit

$$0 < \sigma_{\text{rel}} - 1 \ll 1, \tag{8.8}$$

und wir werden uns im folgenden hauptsächlich mit diesem Spezialfall beschäftigen, der in praxi — bei einem kontinuierlich laufenden Laser — immer vorliegt. Man beachte, daß die Ungleichung (8.8) nicht bedeutet, daß auch die mittlere Photonenzahl klein ist; vielmehr sorgt der große Vorfaktor in Gl. (8.7) dafür, daß für $\sigma_{\mathrm{rel}} - 1$, sagen wir von der Größe einiger Prozent, trotzdem sehr viele Photonen vorhanden sind.

Wir erwähnen noch, daß Gl. (8.7) offenbar die gleiche Struktur besitzt wie die entsprechende aus den Bilanzgleichungen resultierende Relation (2.10) in Kapitel 3. (Eine numerische Übereinstimmung der beiden Ausdrücke besteht nicht; sie ist auch nicht zu erwarten, da sich die Bilanzgleichungen auf eine andere physikalische Situation, nämlich auf den Fall inhomogen verbreiterter Atomniveaus, beziehen.)

Nunmehr kehren wir zu Gl. (7.22) zurück. Betrachten wir zunächst den dort auftretenden Rauschterm, den wir unter Beachtung von Gl. (7.19) explizit als

$$\begin{aligned} R^+(t) \equiv\ & i \sum_\mu k^{(\mu)*} \Xi^+_\mu(t) + F^+(t) \\ & + \frac{2k^2}{\gamma} \int_{-\infty}^{t} e^{-\gamma(t-t')} \{2F^+(t')q(t') + 2q^+(t')F(t') \\ & + S(t')\} \, \mathrm{d}t' \, q^+(t) \end{aligned} \tag{8.9}$$

zu schreiben haben, so fällt auf, daß der letzte Summand von den Systemoperatoren q^+ und q abhängt[1]). Dieser Umstand führt jedoch zu keinen Komplikationen im Rahmen unseres Näherungsverfahrens, das auf der Vorstellung basiert, daß die zeitliche Änderung von Systemgrößen (nach Abspaltung der ungestörten Zeitabhängigkeit) in Zeitintervallen der Größe $2/\gamma$ vernachlässigbar klein ist. Da sich die t'-Integration in Gl. (8.9) praktisch

[1]) Man sollte dabei allerdings nicht vergessen, daß die Fluktuationsoperatoren selbst schon keine reinen Badoperatoren mehr sind.

nur über das Intervall $t - 1/\gamma \ldots t$ erstreckt, können wir also — unter Benutzung der Schreibweise (7.3) — die Operatoren $\tilde{q}^+(t')$, $\tilde{q}(t')$ genähert durch ihre Werte zur Zeit $t - 1/\gamma$ ersetzen, und die gleiche Ersetzung nehmen wir zweckmäßigerweise auch bei dem Operator $\tilde{q}^+(t)$ vor. Nun sind die Fluktuationsoperatoren wegen ihres „unendlich kurzen Gedächtnisses" unabhängig von den Systemgrößen zu einem früheren Zeitpunkt; es bestehen daher keine Korrelationen zwischen den Fluktuationsoperatoren zur Zeit $t' > t - 1/\gamma$ und den Systemoperatoren zur Zeit $t - 1/\gamma$ (vgl. die Bemerkung im Anschluß an Gl. (6.13)), und außerdem können wir annehmen, daß die ersteren mit den letzteren kommutieren. Damit folgt dann (in unserer Näherung) aus Gl. (8.9) zunächst das Verschwinden des Erwartungswertes $\langle R^+(t)\rangle$.

Da die Integration über t' in Gl. (8.9) praktisch nur bis in die Vergangenheit $t - 1/\gamma$ zurückreicht und das „Gedächtnis" der Operatoren Ξ_μ^+ und Ξ_μ gemäß Gln. (7.8) und (7.9) auch nur den doppelten Zeitraum umspannt, können wir sagen, daß Korrelationen zwischen $R^+(t_2)$ und $R(t_1)$ nur dann existieren können, wenn sich die Zeiten t_1 und t_2 um nicht mehr als $|t_1 - t_2| = 2/\gamma$ unterscheiden. Das bedeutet, wir können bei der Berechnung der betreffenden Korrelationsfunktionen sämtliche Operatoren $\tilde{q}^+, \tilde{q}$ in guter Näherung durch ihre Werte zu ein und demselben (passend gewählten) Zeitpunkt t^* ($\approx t_{\min} - 1/\gamma$, wobei $t_{\min}$ die kleinere der beiden Zeiten t_1 und t_2 bezeichne) ersetzen und diese Operatoren nach Bedarf mit Fluktuationsoperatoren vertauschen, so daß sich die auftretenden Erwartungswerte stets in der Form $\langle A_S(t^*) A_F(t') B_F(t'')\rangle$ $(t', t'' > t^*)$ mit A_S als einem Systemoperator und A_F, B_F als Fluktuationsoperatoren schreiben und — auf Grund der statistischen Unabhängigkeit der beiden Sorten von Operatoren (für $t', t'' > t^*$) — gemäß

$$\langle A_S(t^*) A_F(t') B_F(t'')\rangle = \langle A_S(t^*)\rangle \langle A_F(t')\, B_F(t'')\rangle \tag{8.10}$$

in einen System- und einen Rauschanteil faktorisieren lassen.

Die explizite Berechnung der in Rede stehenden Korrelationsfunktionen bietet damit (im Rahmen unserer Näherung) keine prinzipiellen Schwierigkeiten. Eine Vereinfachung der Rechnung kommt noch dadurch zustande, daß zwischen verschiedenartigen Fluktuationsoperatoren keine Korrelationen bestehen. Unter Verwendung des früheren Ergebnisses (7.9) und der Ausdrücke für die Korrelationsfunktionen der Fluktuationsoperatoren (s. Gln. (6.6), (6.7), (6.8), (6.12) und (6.13)) sowie der (bei der Herleitung von Gl. (7.8) mitbewiesenen) Hilfsformel

$$\int_{-\infty}^{t_1} dt' \int_{-\infty}^{t_2} dt'' \, e^{-\gamma(t_1-t')} \, e^{-\gamma(t_2-t'')} \, \delta(t'-t'') = \frac{1}{2\gamma} \, e^{-\gamma|t_1-t_2|} \tag{8.11}$$

ergibt sich z. B. die Korrelationsfunktion $\langle R(t_1) R^+(t_2)\rangle$ zu

$$\begin{aligned} e^{i\omega(t_1-t_2)} \langle R(t_1) R^+(t_2)\rangle &= \frac{N k^2 \gamma_2}{\gamma} e^{-\frac{\gamma}{2}|t_1-t_2|} + \varkappa \delta(t_1-t_2) \\ &+ \frac{4k^2\varkappa}{\gamma} n_0 \, e^{-\gamma|t_1-t_2|} + \frac{8k^4\varkappa}{\gamma^3} n_0^2 \, e^{-\gamma|t_1-t_2|} \\ &+ \frac{16 k^4 \gamma_1 \gamma_2}{\gamma^4} n_0 N \, e^{-\gamma|t_1-t_2|}. \end{aligned} \tag{8.12}$$

Dabei wurden noch die Operatoren q und q^+ als praktisch vertauschbar angesehen (was im Fall des Lasers gerechtfertigt ist), und es wurde näherungsweise gesetzt

$$\langle \tilde{q}^+ \tilde{q}\rangle = \langle q^+ q\rangle \approx n_0, \; \langle \tilde{q}^+ \tilde{q}^+ \tilde{q} \tilde{q}\rangle = \langle q^+ q^+ q q\rangle \approx n_0^2 \tag{8.13}$$

mit n_0 gemäß Gl. (8.7). (Die zweite der Gln. (8.13) ist nicht trivial; sie beinhaltet die Vorstellung einer Amplitudenstabilisierung der Laserstrahlung, die wir später noch eingehend begründen werden.)

Um die einzelnen Summanden in Gl. (8.12) der Größe nach zu vergleichen, schreiben wir die Zeitabhängigkeit jeweils in einer solchen Form, daß die entsprechenden Funktionen (bezüglich der Integration über t_1 oder t_2 von $-\infty$ bis $+\infty$) in gleicher Weise normiert sind. Gl. (8.12) nimmt dann die folgende Gestalt an

$$e^{i\omega(t_1-t_2)}\langle R(t_1)R^+(t_2)\rangle = \alpha_1 \frac{\gamma}{4} e^{-\frac{\gamma}{2}|t_1-t_2|} + \alpha_2\,\delta(t_1-t_2) + (\alpha_3+\alpha_4+\alpha_5)\frac{\gamma}{2} e^{-\gamma|t_1-t_2|}, \tag{8.14}$$

wobei die Koeffizienten α_j gegeben sind durch

$$\alpha_1 = \frac{4Nk^2}{\gamma}\frac{\gamma_2}{\gamma},\quad \alpha_2 = \varkappa,\quad \alpha_3 = \frac{8k^2}{\gamma^2}\varkappa n_0,$$
$$\alpha_4 = \frac{16k^4}{\gamma^4}\varkappa n_0^2,\quad \alpha_5 = \frac{32k^4}{\gamma^4}\frac{\gamma_1\gamma_2}{\gamma}n_0 N. \tag{8.15}$$

Die Größenverhältnisse werden sehr durchsichtig, wenn wir Gln. (8.5) und (8.7) zu Hilfe nehmen. Die Ausdrücke (8.15) lassen sich dann, wenn wir noch die auf ein Atom bezogene Schwelleninversion

$$\sigma_S^A \equiv \frac{\sigma_S}{N} = \frac{\varkappa\gamma}{4Nk^2} \tag{8.16}$$

(gemäß Gl. (8.5)) einführen, leicht umformen in

$$\alpha_1 = \frac{\varkappa}{\sigma_S^A}\frac{\gamma_2}{\gamma},\quad \alpha_2 = \varkappa,\quad \alpha_3 = \varkappa(\sigma_{\text{rel}}-1),$$
$$\alpha_4 = \frac{\varkappa}{4}(\sigma_{\text{rel}}-1)^2,\qquad \alpha_5 = \frac{\varkappa}{\sigma_S^A}\frac{\gamma_1\gamma_2}{\gamma^2}(\sigma_{\text{rel}}-1). \tag{8.17}$$

Beschränken wir uns auf den Fall der Schwellennähe, setzen also die Ungleichung (8.8) als gültig voraus, und beachten, daß σ_S^A unter normalen Bedingungen sehr klein gegen Eins ist[1]), so sehen wir, daß der Koeffizient

[1]) Damit gilt dann in Schwellennähe auch $\sigma_0^A \ll 1$, woraus unter Berücksichtigung von Gl. (6.5) $\gamma_1 \approx \gamma_2 \approx \frac{\gamma}{2}$ folgt.

α_1 alle anderen bei weitem überwiegt und daher allein berücksichtigt zu werden braucht. Das entsprechende Ergebnis findet man bei der Berechnung der Korrelationsfunktion $\langle R^+(t_1) R(t_2)\rangle$, so daß wir — für die Untersuchung in Schwellennähe — den Rauschterm R^+ in guter Näherung vereinfachen können zu

$$R^+(t) \approx i \sum_{\mu} k^{(\mu)*} \, \Xi_{\mu}^+(t) . \qquad (8.18)$$

Physikalisch bedeutet dies im Zusammenhang mit Gl. (7.22) offenbar, daß die mit dem Verlustmechanismus für das Strahlungsfeld verknüpften Fluktuationen sowie die Inversionsschwankungen der Atome nur einen geringen Einfluß auf die Laserstrahlung haben; von hauptsächlicher Bedeutung für die Fluktuationseigenschaften des Strahlungsfeldes ist vielmehr die — in den Operatoren Γ_{μ}^+ und Γ_{μ} zum Ausdruck kommende — „phasenzerstörende Wirkung" der Pump- und Relaxationsvorgänge.

Nach diesen Vorbereitungen wollen wir nun die Differentialgleichung (7.22) tatsächlich — in gewisser Näherung — zu lösen versuchen. Offenbar ist im Photonenerzeugungsoperator q^+ die gesamte Information über die Laserstrahlung enthalten, im bes. beschreibt er, was uns vor allem interessiert, Phasen- und Amplitudenfluktuationen des elektromagnetischen Feldes, das sich im Laserbetrieb ausbildet. Nun ist, wie wir schon aus der LAMBschen Theorie folgerten (s. die Bemerkung im Anschluß an Gl. (7.22) in Kapitel 4), im Fall des Lasers zu erwarten, daß — bedingt durch die Nichtlinearität des Verstärkungsvorganges im aktiven Medium — eine Stabilisierung der Amplitude des Strahlungsfeldes stattfindet, d. h., daß die Amplitude des elektromagnetischen Feldes nur wenig um einen Mittelwert schwankt. Dagegen wird sich die Phase der elektrischen Feldstärke über größere Zeiträume hinweg statistisch, also unkontrollierbar, ändern. Um dieses qualitativ verschiedene Verhalten von Amplitude und Phase mathematisch zu erfassen, ist es zweckmäßig, den Operator q^+ in einen Amplituden- und einen Phasenanteil aufzuspalten. Nach [35] schreiben wir

$$q^+(t) = Q(t)\, e^{i[\Phi(t)+\omega t]} \tag{8.19}$$

mit

$$Q \equiv \sqrt{q^+ q}\,. \tag{8.20}$$

Hier haben wir die ungestörte Zeitabhängigkeit durch den Faktor $\exp\{i\omega t\}$ abseparierts; die Größe Φ hat die Bedeutung des Phasenoperators, und der Operator Q repräsentiert die Amplitude der elektrischen Felstärke (in geeigneten Einheiten).

Genau betrachtet ist die Auftrennung (8.19) mit gewissen mathematischen Schwierigkeiten verbunden (der Operator $\exp\{i\,\Phi\}$ ist nicht in Strenge unitär; s. [73], [18] sowie Abschn. 7.5), diese Problematik macht sich jedoch erst bemerkbar, wenn man es mit solchen Zuständen des Strahlungsfeldes zu tun hat, bei denen eine merkliche Beimischung des Vakuumzustandes vorliegt (bei denen also die Wahrscheinlichkeit, bei einer Messung gar kein Photon vorzufinden, nicht vernachlässigbar klein ist). Da derartige Strahlungsfeldzustände auf Grund der zu erwartenden Amplitudenstabilisierung beim Laser kaum eine Rolle spielen dürften, können wir Gl. (8.19) ohne Bedenken verwenden.

Gehen wir mit dem Ansatz (8.19) in Gl. (7.22) ein, so erhalten wir, wenn wir Φ und $\dot{\Phi}$ als (zumindest näherungsweise) vertauschbar voraussetzen[1]) und die Abkürzungen (8.9) sowie

$$T \equiv \frac{2k^2}{\gamma}\sigma_0 - \frac{\varkappa}{2} - \frac{4k^2\varkappa}{\gamma^2} q^+ q = \frac{2k^2}{\gamma}\sigma_0 - \frac{\varkappa}{2} - \frac{4k^2\varkappa}{\gamma^2} Q^2 \tag{8.21}$$

[1]) Nur dann gilt ja $\frac{\partial}{\partial t}\exp\{i\varphi\} = i\dot{\varphi}\exp\{i\varphi\}$!

verwenden, die Differentialgleichung

$$\dot{Q}\, e^{i(\Phi+\omega t)} + iQ\dot{\Phi}\, e^{i(\Phi+\omega t)} = TQ\, e^{i(\Phi+\omega t)} + R^{+} \qquad (8.22)$$

oder, wenn wir von rechts mit $\exp\{-i(\Phi + \omega t)\}$ multiplizieren,

$$\dot{Q} + iQ\dot{\Phi} = TQ + R^{+}\, e^{-i(\Phi+\omega t)}. \qquad (8.23)$$

Da Q und T hermitesche Operatoren sind, folgen aus der vorstehenden Relation durch Addition bzw. Subtraktion der hermitesch adjungierten Gleichung die beiden Differentialgleichungen

$$\dot{Q} = TQ + \frac{1}{2}\{R^{+}\, e^{-i(\Phi+\omega t)} + e^{i(\Phi+\omega t)}\, R\} \qquad (8.24)$$

und[1])

$$\frac{1}{2}\{Q\dot{\Phi} + \dot{\Phi}Q\} = \frac{1}{2i}\{R^{+}\, e^{-i(\Phi+\omega t)} - e^{i(\Phi+\omega t)}\, R\}. \qquad (8.25)$$

Wir erwähnen zunächst, daß die Gleichung (8.24) für die Änderung der Amplitude der elektrischen Feldstärke bei Vernachlässigung der Rauschterme von der gleichen mathematischen Struktur ist wie die im Rahmen der semiklassischen (LAMBschen) Theorie hergeleitete VAN DER POLsche Gleichung (7.5) bzw. (7.23) in Kapitel 4. Unsere vollständig quantenmechanische Beschreibung der Laservorgänge stellt somit die natürliche — den Fluktuationen Rechnung tragende — Erweiterung der semiklassischen Theorie dar.

---

[1]) Bei der Herleitung von Gl. (8.24) wurde vorausgesetzt, daß die Operatoren Q und $\dot{\Phi}$ vertauschbar sind. Letzteres gilt natürlich nicht in Strenge, man prüft aber an Hand der unten gefundenen Darstellung für Q (Gln. (8.26) und (8.55)) und $\dot{\Phi}$ (Gl. (8.29)) nachträglich leicht nach, daß jedenfalls der Erwartungswert des fraglichen Kommutators (im Fall $\sigma_0^A \ll 1$) betragsmäßig vernachlässigbar klein ist gegenüber dem Term $\langle V \rangle$ in Gl. (8.51).

Um das gekoppelte, hochgradig nichtlineare Gleichungssystem (8.24) und (8.25) zu lösen, bedarf es offenbar weiterer (näherungsweise gerechtfertigter) Vereinfachungen. Wir bringen dazu die Konzeption der Amplitudenstabilisierung explizit ins Spiel, indem wir den Operator Q in der Nähe seines Mittelwertes $\langle Q \rangle = r_0$ entwickeln gemäß

$$\begin{aligned} Q &\equiv \sqrt{q^+q} = \sqrt{r_0^2 + (q^+q - r_0^2)} \\ &= r_0 \left\{ 1 + \frac{1}{2} \frac{q^+q - r_0^2}{r_0^2} - \frac{1}{8} \left(\frac{q^+q - r_0^2}{r_0^2} \right)^2 + - \cdots \right\} \\ &\equiv r_0 + \varrho \end{aligned} \tag{8.26}$$

und voraussetzen, daß die Größe ϱ klein ist im Verhältnis zu r_0, genauer gesagt, daß die Ungleichung

$$\langle \varrho^2 \rangle \ll r_0^2 \tag{8.27}$$

besteht. Da ϱ die Abweichung der Amplitude von ihrem Mittelwert bezeichnen soll, gilt per def.

$$\langle \varrho \rangle = 0 . \tag{8.28}$$

Der Mittelwert r_0 selbst ist uns noch nicht genau bekannt; wir werden erwarten, daß er näherungsweise mit $\sqrt{n_0}$ übereinstimmt, wobei n_0 der oben abgeschätzte Wert der mittleren Photonenzahl ist (s. Gl. (8.7)).

Wir vereinfachen nun Gl. (8.25) dadurch, daß wir näherungsweise $Q = r_0$ setzen, zu

$$\dot{\Phi} = \frac{1}{2 i r_0} \{ R^+ \, e^{-i(\Phi + \omega t)} - e^{i(\Phi + \omega t)} \, R \} . \tag{8.29}$$

Die zeitliche Änderung der Phase wird also in ihrer Größe im wesentlichen durch den Rauschterm R^+ bzw. R festgelegt. – An Hand von Gl. (8.29) können wir auch nachträglich die oben vorausgesetzte Vertauschbarkeit der Operatoren Φ und $\dot{\Phi}$ nachprüfen. Wir argumentieren dabei ganz ähnlich wie bei der obigen Berechnung der Korrelationsfunktion $\langle R(t_1) R^+(t_2)\rangle$ mit der im Vergleich zu den Rauschoperatoren R^+ und R schwachen zeitlichen Veränderlichkeit des Phasenoperators[1]), die uns erlaubt, $\Phi(t)$ näherungsweise durch den entsprechenden Wert zu einer früheren Zeit $t_0 \approx t - 2/\gamma$ zu ersetzen, der dann physikalisch unabhängig von $R^+(t)$ und $R(t)$ ist und daher im besonderen mit den letztgenannten Operatoren kommutiert.

Durch Integration der Gleichung (8.29) finden wir folgenden Ausdruck für den Operator $\Delta\Phi$, der die zeitliche Änderung der Phase im Zeitintervall $t \ldots t + \tau$ $(\tau > 0)$ beschreibt,

$$\Delta\Phi \equiv \Phi(t+\tau) - \Phi(t)$$
$$= \frac{1}{2ir_0} \int\limits_t^{t+\tau} \{R^+(t')\, e^{-i[\Phi(t')+\omega t']} - e^{i[\Phi(t')+\omega t']} R(t')\}\, \mathrm{d}t' . \tag{8.30}$$

Nun stellt die vorstehende Gleichung allerdings gar keine explizite Lösung für $\Delta\Phi$ dar. Sie liefert jedoch trotzdem die physikalisch wesentliche Information über das Verhalten der Phase, wie wir zeigen wollen.

Da man von vornherein sagen kann, daß sich die Phase über größere Zeiträume hinweg statistisch ändern wird, sind gerade die kleinen Phasenänderungen von Interesse. Wir beschränken uns daher auf solche Zeiten τ, für die $\langle(\Delta\Phi)^2\rangle < 1$ gilt. Dann können wir im Sinn eines ersten Näherungsschrittes auf der rechten Seite von Gl. (8.30) den Operator $\Phi(t')$ durch seinen Wert zur Zeit t ersetzen, also schreiben

$$\Delta\Phi \approx \frac{1}{2ir_0} \int\limits_t^{t+\tau} \{R^+(t')\, e^{-i[\Phi(t)+\omega t']} - e^{i[\Phi(t)+\omega t']} R(t')\}\, \mathrm{d}t' . \tag{8.31}$$

---

[1]) Die frühere Voraussetzung über $\tilde{q}^+$ überträgt sich offenbar auf Q und Φ.

Mit Hilfe der gleichen Überlegungen, wie wir sie im Anschluß an Gl. (8.29) angestellt haben, erkennen wir, daß — im Rahmen unserer Näherung — die Operatoren $\exp\{-i\Phi\}$ und $\exp\{i\Phi\}$ in Gl. (8.31) für die Berechnung der Erwartungswerte $\langle\Delta\Phi\rangle$ und $\langle(\Delta\Phi)^2\rangle$ bedeutungslos sind. (Im letzteren Fall geben sie bei den von Null verschiedenen Beiträgen Anlaß zu Faktoren $\exp\{-i\Phi\}\exp\{i\Phi\}=1$ bzw. $\exp\{i\Phi\}\exp\{-i\Phi\}=1$.) Im einzelnen finden wir

$$\langle\Delta\Phi\rangle = 0, \tag{8.32}$$

was bedeutet, daß Zunahme und Abnahme der Phase im Mittel gleich häufig vorkommen, und

$$\langle(\Delta\Phi)^2\rangle = \frac{1}{4r_0^2}\int_t^{t+\tau} dt' \int_t^{t+\tau} dt'' \{e^{i\omega(t''-t')}\langle R^+(t')R(t'')\rangle + e^{i\omega(t'-t'')}\langle R(t')R^+(t'')\rangle\} \tag{8.33}$$

oder, wenn wir von Gl. (8.18) zusammen mit den Relationen (7.8) und (7.9) Gebrauch machen[1]),

$$\langle(\Delta\Phi)^2\rangle = \frac{Nk^2}{4r_0^2}\frac{\gamma_1+\gamma_2}{\gamma}\int_t^{t+\tau} dt' \int_t^{t+\tau} dt''\, e^{-\frac{\gamma}{2}|t'-t''|} = \frac{Nk^2}{\gamma r_0^2}\left\{\tau + \frac{2}{\gamma}\left(e^{-\frac{\gamma}{2}\tau} - 1\right)\right\} \tag{8.34}$$

(wobei noch die erste der Gln. (5.31) beachtet wurde).

Wenn wir annehmen, daß immer noch $\tau \gg 2/\gamma$ gilt, können wir offenbar den zweiten Summanden in der geschweiften Klammer weglassen mit dem Ergebnis

$$\langle(\Delta\Phi)^2\rangle \approx \frac{Nk^2}{\gamma r_0^2}\tau \approx \frac{Nk^2}{\gamma n_0}\tau \tag{8.35}$$

---

[1]) Da die Erwartungswerte in (8.33) symmetrisch in t und t' sind, kann man $(\Delta\varphi)^2$ in (8.34) bis (8.36) auch im Sinne eines zeitgeordneten Produktes auffassen.

(in Übereinstimmung mit [63]). Die Größenordnung dieses Wertes wird deutlich, wenn wir ihn unter Verwendung des Ausdruckes (8.16) für die Schwelleninversion σ_S^A (pro Atom) umformen in

$$\langle(\Delta\Phi)^2\rangle \approx \frac{\varkappa}{4 n_0 \sigma_S^A} \tau . \tag{8.36}$$

Die Zeit, in der ein ursprünglich scharfer (z. B. durch eine Messung festgestellter) Wert der Phase — unter der Einwirkung der Fluktuationen — „verlorengeht", ist also etwa gegeben durch

$$\tau_\Phi = \frac{4 n_0 \sigma_S^A}{\varkappa} . \tag{8.37}$$

Dieser Wert ist wegen der großen mittleren Photonenzahl im Laser (bei einem normalen Gaslaser ist, um eine Zahl zu nennen, n_0 von der Größenordnung $10^8 - 10^{10}$) tatsächlich sehr viel größer als $2/\gamma$; damit spielt der zweite Summand in der geschweiften Klammer von Gl. (8.34) in der Tat keine Rolle, da er nur eine Korrektur für solche Zeiten liefert, in denen sich die Phase praktisch noch gar nicht ändert, und weiterhin finden wir erfreulicherweise unsere frühere Annahme, daß die zeitliche Änderung von Φ in Zeiten der Größe $2/\gamma$ vernachlässigbar klein ist, außerordentlich gut bestätigt.

Nunmehr wenden wir uns den Amplitudenfluktuationen zu, deren Eigenschaften sich aus Gl. (8.24) ergeben. Setzen wir dort zunächst die Entwicklung (8.26) ein, so entsteht, wenn wir den Ausdruck (8.21) für T unter Verwendung der Beziehungen (8.6) und (8.7) noch umformen in

$$T = \frac{\varkappa}{2}\left[\sigma_{\text{rel}} - 1 - \frac{8 k^2}{\gamma^2} Q^2\right] = \frac{4 k^2 \varkappa}{\gamma^2}(n_0 - Q^2) \tag{8.38}$$

und die Abkürzung

$$V(t) \equiv \frac{1}{2}\left\{R^+(t)\, e^{-i[\Phi(t)+\omega t]} + e^{i[\Phi(t)+\omega t]}\, R(t)\right\} \tag{8.39}$$

benutzen, die nichtlineare Differentialgleichung

$$\dot{\varrho} = \frac{4k^2\varkappa}{\gamma^2}[n_0 - (r_0 + \varrho)^2](r_0 + \varrho) + V. \quad (8.40)$$

Wir lösen diese Gleichung näherungsweise durch Linearisierung, d. h., wir ersetzen den Operator ϱ^2 genähert durch seinen Erwartungswert $\langle\varrho^2\rangle$ und ϱ^3 durch $\langle\varrho^2\rangle\varrho$. Aus Gl. (8.40) wird so

$$\dot{\varrho} = \frac{4k^2\varkappa}{\gamma^2}(n_0 - r_0^2 - 3\langle\varrho^2\rangle)r_0 + \frac{4k^2\varkappa}{\gamma^2}(n_0 - 3r_0^2 - \langle\varrho^2\rangle)\varrho + V. \quad (8.41)$$

Nun impliziert Gl. (8.28) offenbar die Relation

$$\frac{\partial}{\partial t}\langle\varrho\rangle \equiv \langle\dot{\varrho}\rangle = 0, \quad (8.42)$$

die gemäß Gln. (8.41) und (8.28) explizit

$$\frac{4k^2\varkappa r_0}{\gamma^2}(n_0 - r_0^2 - 3\langle\varrho^2\rangle) + \langle V\rangle = 0 \quad (8.43)$$

lautet. Da wir den Wert von $\langle\varrho^2\rangle$ unten gesondert ausrechnen werden, ist die Beziehung (8.43) als Bestimmungsgleichung für die — uns bis jetzt nur ungenau bekannte — Größe r_0^2 aufzufassen. Da wegen Gl. (8.28) der einfache Zusammenhang

$$\bar{n} \equiv \langle q^+q\rangle = \langle Q^2\rangle = r_0^2 + \langle\varrho^2\rangle \quad (8.44)$$

zwischen der mittleren Photonenzahl $\bar{n}$ und r_0^2 besteht, legt Gl. (8.43) den genauen Wert der mittleren Photonenzahl fest, der — im Gegensatz zum Näherungswert n_0 gemäß Gl. (8.7) — auch den Fluktuationen Rechnung trägt.

Bei der Berechnung von $\bar{n}$ müssen wir den Rauschterm V mit größerer Genauigkeit behandeln, als dies bisher der Fall war; wir dürfen nämlich den Erwartungswert $\langle V \rangle$ nicht näherungsweise gleich Null setzen (mit der Begründung, daß man den Operator $\Phi(t)$ in Gl. (8.39)näherungsweise durch seinen Wert zur Zeit $t^* \approx t - 2/\gamma$ ersetzen darf), vielmehr liefert, wie wir unten sehen werden, $\langle V \rangle$ einen Beitrag in Gl. (8.43), der von der gleichen Größenordnung ist wie der zu $\langle \varrho^2 \rangle$ proportionale Term.

Zur Berechnung von $\langle V \rangle$ gehen wir von der Identität

$$\Phi(t) = \Phi(t_1) + \Delta_1\Phi \quad \text{mit} \quad \Delta_1\Phi \equiv \Phi(t) - \Phi(t_1) \quad (t_1 < t) \tag{8.45}$$

aus und verfügen über die zunächst willkürliche Zeit t_1 so, daß die Phasenänderung im Zeitintervall $t_1 \ldots t$ sehr klein ist, wobei wir nach dem obigen Ergebnis (8.37) die Differenz $t - t_1$ trotzdem noch als groß gegenüber $2/\gamma$ voraussetzen können. Es läßt sich dann $\Delta_1\Phi$ gemäß Gl. (8.31) näherungsweise darstellen als

$$\Delta_1\Phi \approx \frac{1}{2ir_0}\int_{t_1}^{t} \{R^+(t')\, e^{-i[\Phi(t_1)+\omega t']} - e^{i[\Phi(t_1)+\omega t']}\, R(t')\}\, dt' . \tag{8.46}$$

Weiterhin können wir die Operatoren $\Phi(t_1)$ und $\Delta_1\Phi$ in guter Näherung als vertauschbar ansehen. (Da sich das „Gedächtnis“ der Rauschterme R^+, R nur auf Zeiträume der Größe $2/\gamma$ bezieht, kommutiert $\Phi(t_1)$ jedenfalls mit denjenigen Beiträgen zum Integral (8.46), die Zeiten $t' > t_1 + 2/\gamma$ entsprechen, und da der Integrationsweg sehr viel länger als $2/\gamma$ ist, machen die genannten Beiträge praktisch das ganze Integral aus.) Das erlaubt uns, die Faktorisierung

$$e^{-i\Phi(t)} = e^{-i[\Phi(t_1)+\Delta_1\Phi]} = e^{-i\Phi(t_1)}\, e^{-i\Delta_1\Phi} \approx e^{-i\Phi(t_1)}\,(1 - i\Delta_1\Phi) \tag{8.47}$$

durchzuführen, und wir können nach Gl. (8.39) (wenn wir noch beachten, daß der Erwartungswert von R^+ und R verschwindet) schreiben

$$\langle V(t)\rangle = \frac{1}{2}\langle R^+(t)\, e^{-i\Phi(t)}\rangle\, e^{-i\omega t} + \text{Konj. Kompl.}$$

$$\approx -\frac{i}{2}\langle R^+(t)\, e^{-i\Phi(t_1)}\, \Delta_1\Phi\rangle\, e^{-i\omega t} + \text{Konj. Kompl.} \tag{8.48}$$

Setzen wir hier für $\Delta_1\Phi$ den Ausdruck (8.46) ein, so können wir fortfahren

$$\langle V(t)\rangle \approx \frac{1}{2r_0}\int_{t_1}^{t} e^{i\omega(t'-t)}\langle R^+(t)\, R(t')\rangle\, \mathrm{d}t'$$

$$= \frac{Nk^2}{2r_0}\frac{\gamma_1}{\gamma}\int_{t_1}^{t} e^{-\frac{\gamma}{2}(t-t')}\mathrm{d}t' \approx \frac{Nk^2}{2r_0\gamma}, \tag{8.49}$$

wobei Gln. (8.18) und (7.8) sowie die Beziehungen $t - t_1 \gg 2/\gamma$, $\gamma_1 \approx \gamma/2$ (s. Fußnote[1]) S. 80) berücksichtigt wurden.

Damit lautet die Bestimmungsgleichung (8.43) für die mittlere Photonenzahl (8.44)

$$\bar{n} = n_0 + \frac{N\gamma}{8\varkappa n_0} - 2\langle\varrho^2\rangle. \tag{8.50}$$

Wir kehren nun zur Differentialgleichung (8.41) für die Abweichung ϱ der Amplitude vom Mittelwert zurück. Machen wir Gebrauch von Gl. (8.43), so vereinfacht sich Gl. (8.41) zunächst zu

$$\dot{\varrho} = -\alpha\varrho + V - \langle V\rangle \tag{8.51}$$

mit

$$\alpha = \frac{4k^2\varkappa}{\gamma^2}(3r_0^2 - n_0 + \langle\varrho^2\rangle) \approx \frac{8k^2\varkappa}{\gamma^2} n_0 \tag{8.52}$$

oder, wenn wir Gl. (8.7) verwenden,

$$\alpha \approx (\sigma_{\mathrm{rel}} - 1)\varkappa. \tag{8.53}$$

Die Konstante α ist offenbar ein Maß für die Stärke, mit der ein (zufällig entstandener) Anfangswert der Größe ϱ zeitlich gedämpft wird; wie aus der Lösung der zu Gl. (8.51) gehörigen homogenen Differentialgleichung ersichtlich ist, hat die Zeit

$$\tau_\varrho \equiv \frac{1}{\alpha} \approx \frac{1}{(\sigma_{\mathrm{rel}} - 1)\varkappa} \tag{8.54}$$

die Bedeutung der „mittleren Lebensdauer" einer Abweichung der Amplitude des elektrischen Feldes vom Gleichgewichtswert, und entsprechend gibt, wie unten überdies explizit gezeigt wird, τ_ϱ auch das maximale Zeitintervall $|t_1 - t_2|$ an, in dem die Größen $\varrho(t_1)$ und $\varrho(t_2)$ miteinander korreliert sind.

Die Inhomogenität in Gl. (8.51) bringt die Einwirkung von störenden, fluktuierenden „Kräften" zum Ausdruck, die immer wieder neue Abweichungen der Amplitude von ihrem Mittelwert verursachen und damit zu einem von Null verschiedenen quadratischen Mittelwert $\langle\varrho^2\rangle$ Anlaß geben.

Die stationäre Lösung von Gl. (8.51) ergibt sich leicht zu

$$\varrho(t) = \int_{-\infty}^{t} e^{-\alpha(t-t')}\,[V(t') - \langle V\rangle]\,\mathrm{d}t', \tag{8.55}$$

und die uns hauptsächlich interessierenden Korrelationen zwischen den zu verschiedenen Zeiten auftretenden Abweichungen der Amplitude vom Mittelwert berechnen sich zu

$$\langle \varrho(t_1)\, \varrho(t_2) \rangle = \int_{-\infty}^{t_1} \mathrm{d}t' \int_{-\infty}^{t_2} \mathrm{d}t''\, e^{-\alpha(t_1-t')}\, e^{-\alpha(t_2-t'')} \times [\langle V(t')\, V(t'') \rangle - \langle V \rangle^2]. \tag{8.56}$$

Nun wird der Hauptanteil der rechten Seite dieser Gleichung von der Korrelationsfunktion $\langle V(t')\, V(t'') \rangle$ geliefert, und zwar schon in der uns vertrauten Näherung, daß die zeitliche Änderung von $\Phi(t')$ und $\Phi(t'')$ – in dem Intervall, über das sich die jeweilige Integration effektiv erstreckt – vernachlässigt wird[1]. Da der Erwartungswert $\langle V \rangle$ in dieser Näherung verschwindet, ist konsequenterweise der zu $\langle V \rangle^2$ proportionale Term in Gl. (8.56) zu streichen. (Es müßte sonst auch die Größe $\langle V(t')\, V(t'') \rangle$ genauer, d. h. unter Berücksichtigung der zeitlichen Änderung von $\Phi(t')$ und $\Phi(t'')$, ausgerechnet werden, was die Kenntnis von Korrelationsfunktionen zweiter Ordnung für die Fluktuationsoperatoren Γ_μ^+, Γ_μ – also von Erwartungswerten von Produkten aus vier Operatoren $\Gamma_\mu^+(t_1)$, $\Gamma_\mu^+(t_2)$, $\Gamma_\mu(t_3)$, $\Gamma_\mu(t_4)$ – voraussetzt, die wir im Rahmen unserer bisherigen Theorie gar nicht besitzen.) Wir erhalten so aus Gl. (8.56) unter Verwendung von Gl. (8.39) den folgenden Näherungsausdruck für die das zeitliche Verhalten der Amplitudenfluktuationen charakterisierende Korrelationsfunktion

$$\langle \varrho(t_1)\, \varrho(t_2) \rangle = \frac{1}{4} \int_{-\infty}^{t_1} dt' \int_{-\infty}^{t_2} dt''\, e^{-\alpha(t_1-t')}\, e^{-\alpha(t_2-t'')}\, [e^{i\omega(t''-t')} \langle R^+(t')\, R(t'') \rangle + e^{i\omega(t'-t'')} \langle R(t')\, R^+(t'') \rangle] \tag{8.57}$$

---

[1]) Da nur solche Zeiten t_1 und t_2 betrachtet zu werden brauchen, für die $|t_1 - t_2| \lesssim \tau_\varrho = 1/\alpha$ gilt, und τ_ϱ – wie ein Vergleich der Gln. (8.54) und (8.37) lehrt – noch sehr viel kleiner als τ_φ ist, können wir in Gl. (8.56) (ganz analog wie bei der Herleitung von Gl. (8.12)) sowohl den in $V(t')$ vorkommenden Operator $\Phi(t')$ als auch den in $V(t'')$ enthaltenen Operator $\Phi(t'')$ näherungsweise durch $\Phi(t^*)$ mit $t^* \approx \mathrm{Min}\,(t_1, t_2) - \tau_\varrho$ ersetzen.

oder, wenn wir die Beziehungen (8.18), (7.8) und (7.9) beachten,

$$\langle \varrho(t_1)\,\varrho(t_2)\rangle$$

$$= \frac{N k^2}{4} \int\limits_{-\infty}^{t_1} \mathrm{d}t' \int\limits_{-\infty}^{t_2} \mathrm{d}t''\, e^{-\alpha(t_1-t')}\, e^{-\alpha(t_2-t'')}\, e^{-\frac{\gamma}{2}|t'-t''|}. \tag{8.58}$$

Nun gilt nach Gl. (8.53), da die Verlustkonstante $\varkappa$ für das Strahlungsfeld normalerweise beträchtlich kleiner als γ ist, in Schwellennähe, d. h. bei Bestehen der Ungleichung (8.8), sicher

$$\alpha \approx (\sigma_{\text{rel}} - 1)\,\varkappa \ll \gamma; \tag{8.59}$$

die Funktion $\exp\left\{-\frac{\gamma}{2}|t' - t''|\right\}$ in Gl. (8.58) ändert sich daher sehr viel schneller als die anderen beiden Exponentialfunktionen, so daß wir sie näherungsweise durch eine — aus Normierungsgründen mit dem Faktor $4/\gamma$ multiplizierte — δ-Funktion ersetzen können. (Diese Näherung ist von derselben Art, wie wir sie schon bei der Berechnung von $\langle(\Delta\Phi)^2\rangle$ — beim Übergang von Gl. (8.34) zu Gl. (8.35) — durchgeführt haben.)

Unter Benutzung der Hilfsformel (8.11) finden wir dann (in Übereinstimmung mit [63]) das Resultat

$$\langle \varrho(t_1)\,\varrho(t_2)\rangle = \varrho_0^2\, e^{-\alpha|t_1-t_2|} \tag{8.60}$$

mit

$$\varrho_0^2 = \frac{N k^2}{2\alpha\gamma} \tag{8.61}$$

oder, wenn wir hier den Wert (8.52) für α einsetzen und von Gl. (8.4) Gebrauch machen,

$$\varrho_0^2 = \frac{N}{8}\,\frac{\gamma}{2\varkappa n_0} = \frac{N}{8}\,\frac{1}{\sigma_0 - \sigma_S} = \frac{1}{8}\,\frac{1}{\sigma_0^A - \sigma_S^A}. \tag{8.62}$$

Wir haben noch die obige Voraussetzung nachzuprüfen, daß ϱ_0^2 klein im Verhältnis zu $r_0^2 \approx n_0 \approx \bar{n}$ ist. Aus der vorstehenden Gleichung erkennt man, daß dies der Fall ist, solange man sich nicht allzu dicht an der Schwelle befindet, d. h., solange die Größe $\sigma_0^A - \sigma_S^A = \sigma_S^A (\sigma_{\text{rel}} - 1)$ nicht zu klein (im Vergleich zu Eins) ist. Die in Gl. (8.62) zum Ausdruck kommende Tendenz zur Vergrößerung der Amplitudenschwankungen bei Annäherung an die Schwelle ist nicht überraschend, da dann die Nichtlinearität des Verstärkungsvorganges immer weniger zur Geltung kommt, und man erwartet, daß das Strahlungsfeld in unmittelbarer Schwellennähe dem thermischen Licht immer ähnlicher wird, bei dem bekanntlich gar keine Amplitudenstabilisierung vorliegt. (Natürlich bedeutet die formale Divergenz des Ausdruckes (8.62) im Limes $\sigma_{\text{rel}} \to 1$ nicht, daß die Amplitudenfluktuationen unendlich anwachsen, sondern vielmehr, daß die Entwicklung (8.26) nicht mehr sinnvoll ist, weil die Ungleichung (8.27) nicht gilt.)

Damit ist also durch die vollständig quantenmechanische Behandlung des Laservorganges die Konzeption der Amplitudenstabilisierung der Laserstrahlung (beim normalen Laserbetrieb) im einzelnen begründet. Weiterhin lehrt Gl. (8.54) zusammen mit Gl. (8.60), daß sich ϱ und damit auch die gesamte Amplitude $Q = r_0 + \varrho$ in Zeiten der Größe $2/\gamma$ sehr wenig ändert, so daß — da dasselbe in noch stärkerem Maße für die Phase gilt — die ganz zu Anfang gemachte Voraussetzung der im Zeitintervall $2/\gamma$ schwachen zeitlichen Veränderlichkeit des Operators $\tilde{q}^+$ nachträglich vollständig gerechtfertigt erscheint.

Interessant ist, daß die Korrelationszeiten τ_Φ und τ_ϱ, d. h. die Zeitabschnitte, über die hinweg noch Korrelationen zwischen den Phasenwerten bzw. den Abweichungen der Amplitude vom Mittelwert bestehen, von verschiedener Größenordnung sind. Wegen des Faktors n_0 in Gl. (8.37) ist ja τ_Φ im Normalfall sehr viel größer als τ_ϱ; es dauert also sehr viel länger, bis ein anfänglicher Wert der Phase durch die Fluktuationen „zerstört“ wird, als ein anfänglicher Wert von ϱ abklingt. Dies hat — zusammen mit der Kleinheit von ϱ_0^2 — zur Folge, daß für die Linienbreite der Laserstrahlung praktisch nur die Phasenfluktuationen, nicht dagegen die Amplitudenschwankungen maßgeblich sind, wie im nächsten Abschnitt deutlich werden wird.

Schließlich haben wir noch den aus Gl. (8.60) folgenden Wert für $\langle\varrho^2\rangle$ in die obige Gleichung (8.50) einzusetzen. Offenbar wird der von dem Erwartungswert $\langle V\rangle$ herrührende Summand durch den Term $-2\langle\varrho^2\rangle$ gerade kompensiert, und wir finden das sehr einfache Resultat

$$\bar{n} = n_0, \tag{8.63}$$

was zeigt, daß unsere Näherungslösung n_0 (Gl. (8.7)) für die mittlere Photonenzahl genauer ist, als zu erwarten war, und damit zugleich deutlich macht, daß die Rauschvorgänge auf die Photonenbilanz nur einen vernachlässigbar kleinen Einfluß haben.

5.9. Linienbreite und Intensitätsschwankungen beim Laserlicht

Mit Hilfe der bisher gewonnenen Ergebnisse können wir nun im besonderen die Linienform der vom Laser ausgesandten Strahlung ermitteln. Wie wir schon in Abschn. 5.4 erläuterten, wird die Frequenzverteilung eines Strahlungsfeldes durch die FOURIER-Transformierte des Erwartungswertes $\langle q^+(t+\tau)q(t)\rangle$ wiedergegeben. Wir haben somit zunächst die letztgenannte Korrelationsfunktion zu berechnen, für die wir unter Verwendung der Gln. (8.19), (8.26) und (8.30) schreiben können

$$\begin{aligned}&\langle q^+(t+\tau)q(t)\rangle\\ &= \langle[r_0+\varrho(t+\tau)]\,e^{i[\Phi(t)+\Delta\Phi+\omega(t+\tau)]}\,e^{-i[\Phi(t)+\omega t]}\,[r_0+\varrho(t)]\rangle.\end{aligned} \tag{9.1}$$

Da, wie im Anschluß an Gl. (8.46) gezeigt, die Operatoren $\Phi(t)$ und $\Delta\Phi$ in guter Näherung kommutieren, können wir den Operator $\exp\{i[\Phi(t) + \Delta\Phi]\}$ — analog zu Gl. (8.47) — faktorisieren und den Operator $\exp\{i\Delta\Phi\}$ in eine Potenzreihe entwickeln, wobei es sich jetzt allerdings als notwendig erweist, den quadratischen Term mitzunehmen. (Unsere Rechnung gilt dann also nur für Zeiten $|\tau| < \tau_\Phi$; weiterhin setzen wir τ zunächst einmal als positiv voraus.) Die Korrelationsfunktion (9.1) nimmt so die folgende Gestalt an

$$\langle q^+(t+\tau)q(t)\rangle = e^{i\omega\tau}\left\{r_0^2\left[1 - \frac{1}{2}\langle(\Delta\Phi)^2\rangle\right]\right.$$
$$\left. + \langle\varrho(t+\tau)\,\varrho(t)\rangle + ir_0\left[\langle\varrho(t+\tau)\,\Delta\Phi\rangle + \langle\Delta\Phi\,\varrho(t)\rangle\right]\right\}. \tag{9.2}$$

Dabei wurde beachtet, daß $\langle\Delta\Phi\rangle$, $\langle\varrho\rangle$ sowie die in $\Delta\Phi$, ϱ kubischen Terme verschwinden. Weiterhin wurde der sowohl in $\Delta\Phi$ als auch in ϱ quadratische Term (wegen $\langle\varrho^2\rangle \ll r_0^2$) vernachlässigt.

In Gl. (9.2) sind uns die Ausdrücke $\langle(\Delta\Phi)^2\rangle$ und $\langle\varrho(t+\tau)\,\varrho(t)\rangle$ bekannt; von den zusätzlich auftretenden Erwartungswerten $ir_0\langle\varrho(t+\tau)\,\Delta\Phi\rangle$ und $ir_0\langle\Delta\Phi\,\varrho(t)\rangle$ zeigen wir, daß sie in Gl. (9.2) (in Schwellennähe jedenfalls) keinen merklichen Beitrag liefern.

Gemäß Gln. (8.55) und (8.30) lautet der erste der beiden fraglichen Terme explizit

$$ir_0\langle\varrho(t+\tau)\,\Delta\Phi\rangle = \frac{1}{4}\int\limits_{-\infty}^{t+\tau} dt' \int\limits_{t}^{t+\tau} dt''\, e^{-\alpha(t+\tau-t')}$$
$$\times \langle\{R^+(t')\,e^{-i[\Phi(t')+\omega t']} + e^{i[\Phi(t')+\omega t']}R(t')\}$$
$$\{R^+(t'')\,e^{-i[\Phi(t'')+\omega t'']} - e^{i[\Phi(t'')+\omega t'']}\,R(t'')\}\rangle. \tag{9.3}$$

Hier haben wir, da wir von der Veränderlichkeit des Phasenoperators $\Phi(t')$ bzw. $\Phi(t'')$ während des Zeitintervalls $t + \tau - \tau_\varrho \ldots t + \tau$ bzw. $t \ldots t + \tau$ wieder absehen wollen[1]), den zu $\langle V \rangle$ proportionalen Term in Gl. (8.55) bereits weggelassen. In der geschilderten Näherung ergibt sich dann im einzelnen

$$i r_0 \langle \varrho(t + \tau) \, \Delta\Phi \rangle = -\frac{1}{4} \int_{-\infty}^{t+\tau} \mathrm{d}t' \int_{t}^{t+\tau} \mathrm{d}t'' \, e^{-\alpha(t+\tau-t')}$$

$$\times \left[e^{i\omega(t''-t')} \langle R^+(t') \, R(t'') \rangle - e^{i\omega(t'-t'')} \langle R(t') \, R^+(t'') \rangle \right] \tag{9.4}$$

oder, unter Verwendung der Gln. (8.18), (7.8) und (7.9),

$$i r_0 \langle \varrho(t + \tau) \, \Delta\Phi \rangle$$

$$= -\frac{N k^2}{4} \frac{\gamma_1 - \gamma_2}{\gamma} \int_{-\infty}^{t+\tau} \mathrm{d}t' \int_{t}^{t+\tau} \mathrm{d}t'' \, e^{-\alpha(t+\tau-t')} \, e^{-\frac{\gamma}{2}|t'-t''|}. \tag{9.5}$$

Ersetzen wir hier die Funktion $\exp\left\{-\frac{\gamma}{2}|t' - t''|\right\}$ wieder näherungsweise durch $4\gamma^{-1} \, \delta(t' - t'')$, so entsteht, wenn wir noch von Gl. (5.41) Gebrauch machen,

$$i r_0 \langle \varrho(t + \tau) \, \Delta\Phi \rangle = \frac{N k^2}{\gamma \alpha} \sigma_0^A \left(e^{-\alpha\tau} - 1 \right) \quad (\tau \gg 0). \tag{9.6}$$

Betrachten wir zunächst den τ-abhängigen Anteil in dieser Gleichung. Wie ein Vergleich mit Gln. (8.60) und (8.61) erkennen läßt, ist der genannte Term gleich $2\sigma_0^A \langle \varrho(t + \tau) \, \varrho(t) \rangle$ und damit (wegen $\sigma_0^A \ll 1$, s. Fußnote 1, S. 80) in Gl. (9.2) bedeutungslos gegenüber der für die Amplitudenfluktuationen charakteristischen Korrelationsfunktion $\langle \varrho(t + \tau) \, \varrho(t) \rangle$, so daß wir ihn weglassen können.

---

[1]) Wir ersetzen am besten sowohl $\Phi(t')$ als auch $\Phi(t'')$ genähert durch $\Phi(t^* - 2/\gamma)$ mit $t^* \approx \mathrm{Min}\,(t, t + \tau - \tau_\varrho)$; dann können wir die Exponentialoperatoren mit den Operatoren R^+, R beliebig vertauschen.

Der — im Verhältnis zu r_0^2 sehr kleine — konstante Term in Gl. (9.6) ist dann konsequenterweise auch zu streichen, wenn man verlangt, daß die rechte Seite von Gl. (9.2) für $\tau \to 0$ in den genauen Wert $r_0^2 + \langle \varrho^2 \rangle$ (s. Gl. (8.44)) übergeht.

Schreibt man sich andererseits den Term $ir_0 \langle \Delta \Phi \, \varrho(t) \rangle$ in expliziter Form auf, so sieht man, daß sich nunmehr die beiden zeitlichen Integrationen über Intervalle erstrecken, die einander nicht überdecken, so daß der entsprechende Beitrag in Gl. (9.2) noch wesentlich kleiner ist als der Term (9.6) und daher erst recht vernachlässigt werden darf.

Damit können wir also in Gl. (9.2) die „gemischten" Terme — unter der Voraussetzung der Schwellennähe — in guter Näherung streichen und erhalten so unter Verwendung der Gln. (8.36) und (8.60), wenn wir noch die Korrelationszeiten (8.37) und (8.54) einführen, die Korrelationsfunktion erster Ordnung für die Laserstrahlung in folgender Form

$$\langle q^+(t+\tau)\, q(t) \rangle = e^{i\omega\tau} \left\{ r_0^2 \left[1 - \frac{1}{2} \frac{\tau}{\tau_\Phi} \right] + \varrho_0^2 \, e^{-\frac{|\tau|}{\tau_\varrho}} \right\} \quad (\tau > 0). \tag{9.7}$$

Nun wollen wir auch den Fall betrachten, daß τ negativ ist. Man hat dann zu beachten, daß nunmehr $\langle (\Delta \Phi)^2 \rangle = -\tau/\tau_\Phi$ gilt, was zu erwarten ist und überdies auch direkt aus dem Doppelintegral in Gl. (8.34) folgt. Die Abschätzung der „gemischten" Erwartungswerte $\langle \varrho(t+\tau)\, \Delta \Phi \rangle$ und $\langle \Delta \Phi \, \varrho(t) \rangle$ liefert analoge Ergebnisse wie im oben untersuchten Fall $\tau > 0$. (Der Unterschied besteht nur darin, daß jetzt der letztgenannte Term — und nicht, wie früher, der erstere — den wesentlichen Beitrag liefert, der aber immer noch vernachlässigbar klein ist.) Allgemeiner kann man auch so argumentieren: Da die Korrelationsfunktion nach Gl. (9.7) für $\tau > 0$ nur von der Zeitdifferenz τ, nicht aber von t abhängt (wie es im stationären Fall sein muß), können wir schreiben

$$\begin{aligned}\langle q^+(t+\tau)\,q(t)\rangle &\equiv \langle q^+(t-|\tau|)\,q(t)\rangle = \langle q^+(t)q(t-|\tau|)\rangle^* \\ &= \langle q^+(t+|\tau|)q(t)\rangle^* \equiv \langle q^+(t-\tau)q(t)\rangle^* \quad (\tau < 0) \qquad (9.8)\end{aligned}$$

und haben damit einen allgemeinen Zusammenhang zwischen den Werten der Korrelationsfunktion für $\tau < 0$ und $\tau > 0$ gefunden. Aus Gl. (9.7) ergibt sich so in jedem Fall die für positive und negative Werte τ gültige Darstellung der Korrelationsfunktion erster Ordnung

$$\langle q^+(t+\tau)q(t)\rangle = e^{i\omega\tau}\left\{r_0^2\left[1-\frac{1}{2}\frac{|\tau|}{\tau_\Phi}\right]+\varrho_0^2\, e^{-\frac{|\tau|}{\tau_\varrho}}\right\}. \qquad (9.9)$$

Dieses Ergebnis stimmt mit dem von Sauermann [63] gefundenen überein. Eine methodisch andere Herleitung, die nicht auf den schwellennahen Bereich beschränkt ist, findet sich in [12].

Nun ist der von den Phasenfluktuationen herrührende Term in Gl. (9.9), wie aus der obigen Herleitung hervorgeht, nur für Zeiten τ korrekt, die betragsmäßig kleiner als τ_Φ sind (und für $\tau \to \pm\infty$ sicher falsch). Bei der Bildung der Fourier-Transformierten ist aber gerade auch das Verhalten der Korrelationsfunktion im Unendlichen von Bedeutung. Es liegt nun sehr nahe, den Ausdruck $1 - \frac{1}{2}|\tau|/\tau_\Phi$ in Gl. (9.9) als den Anfang der Potenzreihenentwicklung der Exponentialfunktion exp $\left\{-\frac{1}{2}|\tau|/\tau_\Phi\right\}$ aufzufassen und Gl. (9.9) in der Form

$$\langle q^+(t+\tau)q(t)\rangle = e^{i\omega\tau}\left\{r_0^2\, e^{-\frac{1}{2}\frac{|\tau|}{\tau_\Phi}}+\varrho_0^2\, e^{-\frac{|\tau|}{\tau_\varrho}}\right\} \qquad (9.10)$$

in den Bereich $|\tau| \gtrsim \tau_\Phi$ „fortzusetzen".

Mit dieser etwas großzügigen Argumentation finden wir dann unter Verwendung der Hilfsformel (4.21) den folgenden Ausdruck für die Frequenzverteilung beim Laserlicht

$$F(\Omega) = \frac{1}{\pi}\left\{\frac{r_0^2}{2\tau_\Phi}\,\frac{1}{\left(\frac{1}{2\tau_\Phi}\right)^2 + (\Omega-\omega)^2} + \frac{\varrho_0^2}{\tau_\varrho}\,\frac{1}{\left(\frac{1}{\tau_\varrho}\right)^2 + (\Omega-\omega)^2}\right\}. \tag{9.11}$$

Nun gilt

$$\frac{r_0^2}{2\tau_\Phi} = \frac{\varrho_0^2}{\tau_\varrho}, \tag{9.12}$$

wie man durch Einsetzen des direkt aus Gl. (8.35) folgenden Wertes für τ_Φ sowie des Ausdruckes (8.61) für ϱ_0^2 (unter Beachtung des Zusammenhanges $\tau_\varrho = 1/\alpha$ gemäß Gl. (8.54)) leicht nachprüft. Gl. (9.11) vereinfacht sich damit zu

$$F(\Omega) = \mathrm{const}\left\{\frac{1}{\left(\frac{1}{2\tau_\Phi}\right)^2 + (\Omega-\omega)^2} + \frac{1}{\left(\frac{1}{\tau_\varrho}\right)^2 + (\Omega-\omega)^2}\right\}. \tag{9.13}$$

Das Laserlicht ist somit, was seine spektrale Zusammensetzung angeht, als eine Überlagerung zweier LORENTZ-Linien aufzufassen, die physikalisch mit den Phasen- bzw. Amplitudenfluktuationen in Verbindung zu bringen sind.

Nun ist, wie Abb. 3 veranschaulicht, die als Folge der Phasenfluktuationen auftretende Linie sehr schmal und gleichzeitig sehr hoch — die Halbwertsbreite beträgt $\Delta\Omega = 1/\tau_\Phi$, und die maximale Höhe ist gegeben durch $H = \text{const}\,(2\,\tau_\Phi)^2$ —, die durch die Amplitudenfluktuationen bedingte Linie dagegen breit und flach — in diesem Fall gilt $\Delta\,\Omega = 2/\tau_\varrho$ und $H = \text{const}\,\tau_\varrho^2$ (und τ_ϱ ist nach dem Obigen sehr viel kleiner als τ_Φ). Berechnet man

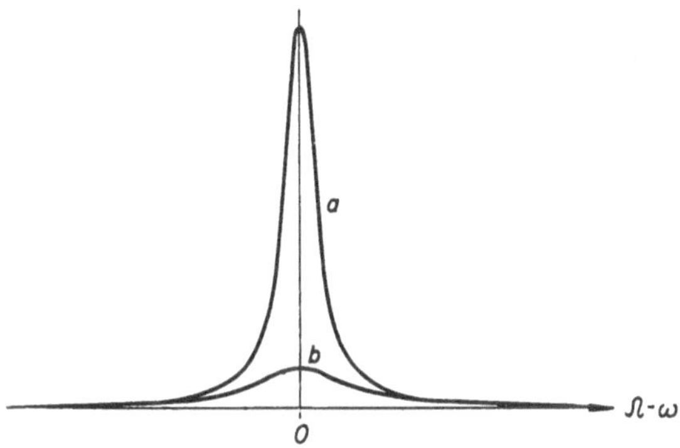

Abb. 3. Beiträge der Phasenfluktuationen (*a*) und der Amplitudenschwankungen (*b*) zum Linienprofil der Laserstrahlung gemäß Gl. (9.13) (schematisch)

den jeweiligen Beitrag der beiden Linien zum gesamten Linienprofil der Laserstrahlung, so erkennt man aus der allgemeinen Beziehung

$$\int\limits_0^\infty \frac{\mathrm{d}\Omega}{a^2 + (\Omega - \omega)^2} \approx \frac{1}{a} \int\limits_{-\infty}^\infty \frac{\mathrm{d}x}{1 + x^2} = \frac{\pi}{a}, \qquad (9.14)$$

daß die den Phasenfluktuationen entsprechende Lorentz-Linie den Hauptanteil ausmacht. (Der Beitrag der Amplitudenfluktuationen ist im Verhältnis $\tau_\varrho/(2\tau_\Phi)$ klein gegenüber dem der Phasenfluktuationen und kann daher in guter Näherung außer acht gelassen werden.)

Wir kommen damit zu folgendem Schluß: Das Laserlicht ist hinsichtlich seiner Frequenzverteilung durch eine LORENTZ-Linie der Breite

$$\Delta\Omega = \frac{1}{\tau_\Phi} = \frac{\varkappa}{4\bar{n}\sigma_S^4} = \frac{Nk^2}{\gamma\bar{n}} \tag{9.15}$$

zu kennzeichnen. Diese Linie ist — wegen des großen Wertes von $\bar{n}$ — offenbar sehr vieler schmaler als im Fall einer mit einem Bad im thermischen Gleichgewicht stehenden Eigenschwingung (s. Gl. (4.22)). Die physikalische Ursache für das Auftreten einer endlichen Linienbreite, d. h. für die Abweichung von idealer Monochromasie, ist in den Phasenfluktuationen — oder, wie man statt dessen auch häufig sagt, in der „Phasendiffusion" — zu suchen, während die Amplitudenfluktuationen (beim Laserlicht) praktisch keine Auswirkungen auf die Linienform haben.

Interessant ist die in Gl. (9.15) zum Ausdruck kommende Abhängigkeit der Linienbreite von der mittleren Photonenzahl $\bar{n}$. Denken wir uns $\bar{n}$ vergrößert, so nimmt die Linienbreite nach Gl. (9.15) ab. (In Schwellennähe kommt es wegen $\gamma_1 \approx \gamma_2$ praktisch nicht darauf an, in welcher Weise man experimentell das Anwachsen der Photonenzahl bewirkt, d. h., ob man die Verluste des Strahlungsfeldes verkleinert oder lediglich stärker pumpt; die explizite Abhängigkeit des Ausdruckes (9.15) von γ_1 ist dann ja, da letztere Größe nur in der Kombination $\gamma = \gamma_1 + \gamma_2$ eingeht, vernachlässigbar.)

Der genannte Effekt kann nun physikalisch als Folge der Kohärenzerhaltung beim Prozeß der induzierten Emission verstanden werden: Wenn ein (monochromatisches) Strahlungsfeld mit definierter Phase (im Sinn eines GLAUBER-Zustandes, s. Abschn. 7.1) einen induzierten Emissionsprozeß hervorruft, ist — wie eine quantenmechanische Rechnung zeigt (s. [49]) — die nach der Emission vorliegende Phase des Gesamtfeldes (offenbar bedingt durch das neu hinzugekommene Lichtquant) etwas unscharf geworden, und der Wert dieser Unschärfe ist umgekehrt proportional zu der mittleren Photonenzahl $\bar{n}$ des einfallenden Lichtes. Dies läßt sich, wie schon in Abschn. 1.2 erwähnt, in einem klassischen Bild so interpretieren, daß die „eigentliche“ induzierte Emission (deren Übergangswahrscheinlichkeit proportional zu $\bar{n}$ ist, s. (2.46), Kapitel 1) die Phase des Feldes exakt unverändert läßt, während der spontane Anteil des Emissionsvorganges (dessen Übergangswahrscheinlichkeit unabhängig vom einfallenden Licht ist) ein Quant mit statistisch willkürlicher Phase liefert und damit zu einer (kleinen) Unbestimmtheit der Phase des Gesamtfeldes Anlaß gibt. Da mit wachsendem $\bar{n}$ die „echten“ induzierten Prozesse gegenüber den spontanen immer mehr — im Verhältnis $\bar{n}:1$ nämlich — überwiegen, folgt aus der geschilderten anschaulichen Vorstellung die obengenannte Abnahme der Phasenunschärfe mit zunehmender Photonenzahl des eingestrahlten Lichtes. Für den Laservorgang bedeutet der letztere Effekt offenbar, daß die bei der „Auswechslung“ eines Lichtquants (bei Verschwinden eines Photons aus dem Resonator und Neuerzeugung durch Emission) auftretende Phasenunschärfe um so kleiner ist, je mehr Photonen vorhanden sind, d. h., die „Phasendiffusion“ wird vermindert, und da letztere für die Linienbreite verantwortlich zu machen ist, nimmt die Linienbreite der Laserstrahlung ab.

Es ist vielleicht nicht überflüssig, noch einmal darauf hinzuweisen, daß sich unsere Rechnung primär auf das im Resonator vorhandene Strahlungsfeld bezieht. Von physikalischem Interesse ist dagegen hauptsächlich die aus dem Resonator austretende Strahlung. Es erscheint physikalisch plausibel, daß bei dem Durchgang des Lichtes durch die Resonatorspiegel das Frequenzspektrum nicht geändert wird, so daß unser Ergebnis für die Linienbreite tatsächlich auch für den eigentlichen Laserstrahl zutrifft. Man muß allerdings beachten, daß man letzteren, sofern man seine endliche Linienbreite berücksichtigt, nicht mehr als Anregungszustand einer einzigen Eigenschwingung des Strahlungsfeldes auffassen darf; da praktisch keine Wechselwirkung mit den aktiven Atomen mehr stattfindet, haben wir nun ein freies Strahlungsfeld vor uns, und jedem (scharfen) Frequenzwert entspricht eine besondere Eigenschwingung (nunmehr des im Vakuum befindlichen Strahlungsfeldes).

Nun ist der oben berechnete Wert (9.15) für die Linienbreite $\Delta\Omega$ außerordentlich klein (für $\varkappa = 10^6$, $4\bar{n} = 10^8$ und $\sigma_S^A = 0{,}01$ ergibt sich beispielsweise $\Delta\Omega = 1$ Hz). Er stellt, um es noch einmal deutlich zu sagen, das theoretische Minimum der Linienbreite dar, er ist nämlich bedingt durch die quantenhafte Natur der einzelnen im Laser sich abspielenden Prozesse *unter idealen Betriebsbedingungen*. In praxi ist der theoretische Wert (9.15) (über längere Zeiten) sicher nicht zu beobachten, weil man dazu die äußeren Parameter wie Spiegelabstand, Stärke des Pumpens u. ä. ideal konstant halten müßte. Die experimentell feststellbare Linienbreite wird vielmehr gerade durch statistische Änderungen des Spiegelabstandes und ähnliche Effekte bestimmt und ist entsprechend sehr viel größer als der „ideale“ Wert (9.15), dem damit keine große praktische Bedeutung zukommt.

Anders verhält es sich mit den Intensitätskorrelationen, die in einem Versuch vom Typ des Experimentes von Hanbury Brown und Twiss [9] direkt beobachtet werden können und deren Größe und zeitliche Abhängigkeit wir jetzt ermitteln wollen.

Wie in Abschn. 5.4 näher ausgeführt, haben wir dazu zunächst den Wert der folgenden Korrelationsfunktion zweiter Ordnung

$$G^{(2)}(\tau) \equiv \langle q^+(t)q^+(t+\tau)q(t+\tau)q(t)\rangle \qquad (9.16)$$

zu bestimmen. Dabei erweist es sich aus mathematischen Gründen als zweckmäßig, die Funktion $G^{(2)}(\tau)$ nicht direkt, sondern auf dem Umwege über die Korrelationsfunktion

$$H^{(2)}(\tau) \equiv \langle q^+(t) q(t+\tau) q^+(t+\tau) q(t) \rangle \tag{9.17}$$

zu berechnen, die — wie sofort aus der Vertauschungsrelation für q^+ und q (s. Gln. (1.1)) folgt — mit $G^{(2)}(\tau)$ in dem einfachen Zusammenhang

$$G^{(2)}(\tau) = H^{(2)}(\tau) - \langle q^+(t) q(t) \rangle = H^{(2)}(\tau) - \bar{n} \tag{9.18}$$

steht. Machen wir nämlich Gebrauch von der Darstellung (8.19) für den Photonenerzeugungsoperator und der dazu hermitesch adjungierten Gleichung, so treten in Gl. (9.17) jeweils Produkte aus zwei Exponentialoperatoren auf, die sich in guter Näherung durch $\exp\{-i\Delta\Phi\}$ bzw. $\exp\{i\Delta\Phi\}$ mit $\Delta\Phi$ gemäß Gl. (8.31) ersetzen lassen, wenn man beachtet, daß $\Phi(t)$ und $\Delta\Phi$ — wie im Anschluß an Gl. (8.46) begründet — näherungsweise vertauschbar sind.

Wir erhalten so im einzelnen die folgende Darstellung für $H^{(2)}(\tau)$

$$H^{(2)}(\tau) = \langle Q(t)\, e^{-i\Delta\Phi}\, Q^2(t+\tau)\, e^{i\Delta\Phi}\, Q(t) \rangle . \tag{9.19}$$

Setzen wir hier für Q den Ausdruck (8.26) ein und entwickeln die Exponentialoperatoren, so entsteht, wenn wir Terme vierter Ordnung in $\varrho, \Delta\Phi$ außer acht lassen,

$$\begin{aligned} H^{(2)}(\tau) = r_0^4 + r_0^2 [&\langle \varrho^2(t) \rangle + \langle \varrho^2(t+\tau) \rangle + 2\langle \varrho(t)\varrho(t+\tau) \rangle \\ &+ 2\langle \varrho(t+\tau)\, \varrho(t) \rangle] - 2 i r_0^3 [\langle \Delta\Phi \varrho(t+\tau) \rangle \\ &- \langle \varrho(t+\tau)\, \Delta\Phi \rangle] . \end{aligned} \tag{9.20}$$

Genau wie bei der Berechnung der Korrelationsfunktion erster Ordnung für das Strahlungsfeld können wir (in Schwellennähe) den Term $i r_0 \langle \varrho(t+\tau)\, \Delta\Phi \rangle$ gegenüber $\langle \varrho(t+\tau) \varrho(t) \rangle$ vernachlässigen (s. Gl. (9.6) und die daran anschließenden Bemerkungen), und das gleiche gilt für den Ausdruck $-r i_0 \langle \Delta\Phi\, \varrho(t+\tau) \rangle$, da dieser, wie man an Hand der zu Gl. (9.3) analogen Formel (bei der also die Reihenfolge der Operatoren $\varrho(t+\tau)$ und $\Delta\Phi$ vertauscht ist) leicht nachprüft, mit dem Term $ir_0\langle\varrho(t+\tau)\,\Delta\Phi\rangle$ zahlenmäßig übereinstimmt.

Unter Verwendung der im stationären Fall gültigen Beziehung

$$\langle\varrho^2(t)\rangle = \langle\varrho^2(t+\tau)\rangle \tag{9.21}$$

sowie der Relation

$$\langle\varrho(t)\,\varrho(t+\tau)\rangle = \langle\varrho(t+\tau)\,\varrho(t)\rangle^* = \langle\varrho(t+\tau)\,\varrho(t)\rangle \tag{9.22}$$

können wir an Stelle von Gl. (9.20) schließlich schreiben

$$H^{(2)}(\tau) = r_0^4 + 2r_0^2[\langle\varrho^2\rangle + 2\langle\varrho(t+\tau)\,\varrho(t)\rangle]. \tag{9.23}$$

Da wir (in Schwellennähe) $\langle\varrho^2\rangle = \varrho_0^2$ als groß im Verhältnis zu Eins voraussetzen können, ist der Zusatzterm $-\bar{n} \approx -r_0^2$ in Gl. (9.18) bedeutungslos, so daß wir im Rahmen unserer Näherung $H^{(2)}(\tau)$ mit $G^{(2)}(\tau)$ identifizieren können. (Die Nichtvertauschbarkeit von Photonenerzeugungs- und -vernichtungsoperatoren hat also praktisch keine Konsequenz für die Berechnung der Korrelationsfunktion (9.16).)

Nun ist, wie wir in Abschn. 5.4 erläuterten, von direkter physikalischer Bedeutung (für eine experimentelle Untersuchung vom Typ des Experimentes von Hanbury Brown und Twiss [9]) die Differenz

$$D(\tau) = G^{(2)}(\tau) - \langle q^+q\rangle^2 \tag{9.24}$$

(s. Gl. (4.16)).

Vernachlässigen wir bei der Berechnung von $\langle q^+q\rangle^2$ konsequenterweise ebenfalls den Term vierter Ordnung bezüglich ϱ, benutzen also gemäß Gl. (8.44) die Relation

$$\langle q^+q\rangle^2 \approx r_0^4 + 2r_0^2\langle\varrho^2\rangle, \tag{9.25}$$

so erhalten wir nach dem Obigen für die Größe $D(\tau)$ — in Übereinstimmung mit [63] — das folgende einfache Resultat[1])

$$D(\tau) = 4r_0^2\langle\varrho(t+\tau)\varrho(t)\rangle \approx \frac{\bar{n}}{2}\frac{1}{\sigma_0^A - \sigma_S^A}\,e^{-\alpha|\tau|} \qquad (9.26)$$

(wobei noch Gln. (8.60) und (8.62) berücksichtigt wurden).

Vergleichen wir diesen Ausdruck mit dem, der sich entsprechend Gl. (4.26) für ein (ebenfalls in einer einzigen Eigenschwingung angeregtes) Strahlungsfeld ergibt, das sich im thermischen Gleichgewicht mit einem Bad definierter Temperatur befindet, so fällt zunächst auf, daß die Abhängigkeit von der Photonenzahl in beiden Fällen verschieden ist. Für ein thermisches Strahlungsfeld der betrachteten Art ist ja der Wert von $D(\tau)$ für $\tau = 0$ einfach gleich $\bar{n}^2$; das bedeutet, die Intensitätsschwankungen sind sehr viel stärker als im Fall des Lasers (falls man sich nicht zu dicht an der Schwelle befindet, so daß der Wert von $1/(2\sigma_0^A - 2\sigma_S^A)$ noch klein gegenüber $\bar{n}$ ist). Anders ausgedrückt, es findet beim thermischen Licht keine Amplitudenstabilisierung statt, und dieser Punkt macht gerade den prinzipiellen Unterschied zwischen der Laserstrahlung und dem thermischen Licht aus. (Man könnte sich ja, zumindest im Prinzip, auch auf thermischem Wege — unter Verwendung von ungeheuer heißen Lichtquellen, Filtern usw. — Licht erzeugt denken, das die gleiche spektrale Intensität und die gleiche schmale Linienform besitzt wie das Laserlicht. Von einer derartigen thermischen Strahlung würde sich dann das Laserlicht immer noch durch seine geringen Amplitudenfluktuationen unterscheiden.)

Gl. (9.26) besagt somit, experimentell gesehen, daß der Hanbury-Brown- und Twiss-Effekt (die in Abschn.

---

1) Eine methodisch andere Berechnung der Korrelationsfunktion zweiter Ordnung für das Laserlicht, die nicht an die Voraussetzung der Schwellennähe geknüpft ist, wurde von Brunner, Paul und Rauh gegeben.

5.4 erläuterte „Klumpenbildung" der Photonen) im Fall der Laserstrahlung sehr viel kleiner ist als beim thermischen Licht, und zwar nimmt er immer mehr ab, je weiter man über die Schwelle hinausgeht[1]). Dieses Ergebnis wurde von ARMSTRONG und SMITH [1] auch experimentell in sehr eindrucksvoller Weise (an einem GaAs-Laser — einem Halbleiterlaser also —) bestätigt.

Weiterhin ist die Korrelationszeit für die Intensitätsschwankungen im Fall des Lasers gegenüber dem Wert $1/\varkappa$ im thermischen Fall beträchtlich vergrößert (s. (8.53)). Beim Laserlicht ist somit die mittlere Lebensdauer einer zufällig entstandenen Abweichung der Intensität vom Mittelwert wesentlich größer als beim thermischen Licht.

Vergleichen wir zum Schluß auch noch die Korrelationsfunktion erster Ordnung (Gl. (9.10)) für die Laserstrahlung mit der des thermischen Lichtes (Gl. (4.20)), so kommen wir zu folgender Feststellung: Gl. (4.20) erlaubt — im Gegensatz zu Gl. (9.10) — keine zwanglose Auftrennung in zwei Anteile, von denen der eine den Phasen-, der andere den Amplitudenfluktuationen zugeordnet werden könnte. (In der Tat ist schon die Aufspaltung (8.19) des Photonenerzeugungsoperators in Bestandteile, die der Amplitude bzw. der Phase entsprechen, im thermischen Fall wenig sinnvoll, da wir ja ohne weiteres die genaue Lösung für q^+ [s. Gl. (4.17)] angeben konnten.) Im besonderen tritt nur eine einzige Korrelationszeit, deren Wert $2/\varkappa$ beträgt, in Erscheinung, während sich im Fall der Laserstrahlung die Amplituden- und Phasenfluktuationen — abgesehen von ihrer absoluten Größe — durch verschieden große Korrelationszeiten unterscheiden. Beim thermischen Licht sind somit Phasen- und Amplitudenfluktuationen eher als Teile eines einheitlichen Gesamtprozesses aufzufassen; dementsprechend tragen auch beide Arten von Fluktuationen zur Linienform des thermischen Strahlungsfeldes bei.

---

[1]) Die für den Effekt charakteristische Größe ist $D(\tau)/\overline{n}^2$, das Verhältnis der „systematischen" zu den zufälligen Koinzidenzen.

Beim Laserlicht dagegen werden, wie wir gezeigt haben, die Amplitudenfluktuationen in ihrer Ausbildung behindert — sie werden durch den nichtlinearen Verstärkungsmechanismus zum großen Teil „weggedämpft“ —, was dazu führt, daß sie praktisch keinen Einfluß auf das Frequenzspektrum haben.

Wir weisen schließlich darauf hin, daß der einfache Zusammenhang zwischen den Korrelationszeiten für die elektrische Feldstärke und die Intensität, wie er beim thermischen Licht existiert (die genannten Zeiten stehen nach dem Obigen im Verhältnis 2 : 1), beim Übergang zum Fall des Lasers offenbar verloren geht. Hier sind die erwähnten Zeiten um Größenordnungen verschieden: Ein (zufällig entstandener) Wert der Phase bleibt über sehr viel längere Zeiträume erhalten als eine Abweichung der Amplitude vom Gleichgewichtswert.

Damit haben wir die vollständig quantenmechanische Behandlung des Laservorganges im Rahmen des HEISENBERG-Bildes erfolgreich abgeschlossen. Ein wesentliches Element der dargelegten Theorie besteht in der Einführung von LANGEVIN-Kräften, welche die Rolle von Rauschquellen spielen. Unser Vorgehen zeichnet sich daher durch eine relativ große Anschaulichkeit aus, im besonderen wird auch die Korrespondenz zu den semiklassischen Rechnungen recht deutlich. Der mathematische Aufwand schließlich ist, wie man rückblickend feststellen kann, doch noch nicht sehr groß — jedenfalls kleiner, als man von vornherein befürchten könnte.

5.10. Hinweis auf andere Methoden der quantenmechanischen Behandlung des Laservorganges

Man kann natürlich auch versuchen, eine Beschreibung des Laserprozesses mit Hilfe der SCHRÖDINGER-Gleichung durchzuführen. Methodisch erscheint dieses Problem zunächst einfacher als im Fall des HEISENBERG-Bildes, man hat nämlich ein bekanntes und anderweitig bewährtes „Rezept“ für die formale Erfassung des Einflusses der

Verlust- und Pumpmechanismen in der Bewegungsgleichung für den Dichteoperator des (aus dem Strahlungsfeld und den Atomen bestehenden) Systems zur Verfügung. Genauer gesprochen, man kann eine sogenannte BOLTZMANN- oder MASTER-Gleichung für den genannten Dichteoperator herleiten. Das entsprechende Verfahren läßt sich kurz folgendermaßen schildern:

Betrachten wir beispielsweise den Verlustmechanismus für das Strahlungsfeld, so haben wir es zunächst mit einem Dichteoperator ϱ_{tot} für das Gesamtsystem: Strahlungsfeld + Bad zu tun. Die Einwirkung des Bades auf das Strahlungsfeld behandeln wir nun in der Weise — und darin besteht das erwähnte „Rezept“ —, daß wir den zeitlichen Ablauf in kleine Intervalle der Länge τ unterteilen und (willkürlich) voraussetzen, daß sich das Bad zu den Zeiten $t_m = t_0 + m\tau$ $(m = 0, 1, 2, \ldots)$ *genau* im Zustand thermischen Gleichgewichtes befindet (wobei die Temperatur stets die gleiche sei), also völlig ungestört ist; eine Beeinflussung des Bades durch das Strahlungsfeld — und damit eine Wechselwirkung zwischen dem Bad und dem Strahlungsfeld[1]) — soll nur in den zwischen den ausgezeichneten Zeitpunkten liegenden Intervallen stattfinden.

Mit Hilfe der Störungstheorie kann man zunächst die zeitliche Änderung $\varrho_{\text{tot}}(t_{m+1}) - \varrho_{\text{tot}}(t_m)$ des totalen Dichteoperators in einem Intervall $t_m \ldots t_{m+1}$ berechnen (wobei es sich als notwendig erweist, bis zur zweiten störungstheoretischen Ordnung zu gehen). Nun interessiert letzten Endes aber gar nicht ϱ_{tot}, sondern nur der „Anteil“ ϱ_{Str} dieses Operators, der sich auf das Strahlungsfeld allein bezieht und der bekanntlich (s. z. B. [45]) durch Spurbildung bezüglich des Badraumes gemäß

$$\varrho_{\text{Str}} = Sp_{\text{Bad}}\, \varrho_{\text{tot}} \tag{10.1}$$

aus ϱ_{tot} hervorgeht.

[1]) Würde man voraussetzen, daß der Zustand des Bades *ständig* genau dem thermischen Gleichgewicht entspricht, käme überhaupt keine Wechselwirkung zustande!

Nimmt man diese Spurbildung bei der obengenannten Differenz $\varrho_{\text{tot}}(t_{m+1}) - \varrho_{\text{tot}}(t_m)$ vor, so erhält man das Resultat

$$\varrho_{\text{Str}}(t_m + \tau) - \varrho_{\text{Str}}(t_m) = A\tau, \tag{10.2}$$

wobei A eine Funktion von $\varrho_{\text{Str}}(t_m)$ sowie $q^+(t_m)$ und $q(t_m)$ bezeichnet. (Eine ausführliche Behandlung findet sich in [74].)

Das geschilderte Verfahren läßt sich physikalisch folgendermaßen charakterisieren: Durch die Einführung endlicher Zeitintervalle der Größe τ mittelt man über mikroskopische Feinheiten der Bewegung des Systems; Gl. (10.2) liefert daher schon eine vergröberte Beschreibung der Einwirkung des Bades auf das Strahlungsfeld und ist gerade deswegen praktisch sehr brauchbar. Im besonderen besitzt Gl. (10.2) irreversiblen Charakter (im Gegensatz zu der reversiblen Ausgangsgleichung), was formal offenbar durch das „Zurückstellen" des Badzustandes auf den thermischen Gleichgewichtszustand zu den Zeiten t_m bedingt ist, das einer „Ausreduktion der Wellenpakete" ähnelt (die ja bekanntlich ein irreversibles Moment in die quantenmechanische Beschreibung hineinbringt).

Es liegt nun nahe, Gl. (10.2) wieder durch eine Differentialgleichung der Form

$$\left(\frac{\partial \varrho_{\text{Str}}}{\partial t}\right)_{\text{Bad}} = A \tag{10.3}$$

zu approximieren. (Damit befreit man sich zugleich von der Willkür in der Wahl von τ.)

Behandelt man in analoger Weise die Pump- und Relaxationsvorgänge bei den Atomen (wobei von der Kopplung mit einem Strahlungsfeld zunächst abgesehen werden kann), so ergeben sich entsprechende Ausdrücke für die Änderung der Dichtematrix ϱ_{At} für das Atomsystem unter dem Einfluß der genannten Prozesse. (Näheres s. [75].)

Die sogenannte MASTER-Gleichung für den Laserprozeß entsteht nun dadurch, daß man in der quantenmechanischen Bewegungsgleichung für den Dichteoperator ϱ des Systems: Strahlungsfeld + Atome die obigen, den Pump- bzw. Verlustprozessen entsprechenden zeitlichen Änderungen zusätzlich berücksichtigt. Man erhält so eine Differentialgleichung der folgenden Form

$$\dot{\varrho} = -\frac{i}{\hbar}[H_{\text{tot}}, \varrho] + \left(\frac{\partial \varrho}{\partial t}\right)_{\text{Bad}} + \left(\frac{\partial \varrho}{\partial t}\right)_{\text{Pump}} + \left(\frac{\partial \varrho}{\partial t}\right)_{\text{Relax}} \tag{10.4}$$

(mit H_{tot} — gemäß Gl. (1.9) — als dem Gesamt-HAMILTON-Operator für das aus dem Strahlungsfeld und den Atomen bestehende System).

Da wir uns im SCHRÖDINGER-Bild befinden, sind die Systemoperatoren als zeitunabhängig aufzufassen, d. h., wir haben — im Gegensatz zu der Behandlung im HEISENBERG-Bild — keine Schwierigkeiten mit der Erfüllung der Vertauschungsrelationen für die den Observablen zugeordneten Operatoren. Diesem Vorteil stehen jedoch zwei Nachteile gegenüber. Erstens ist die Lösung von Gl. (10.4) wesentlich schwieriger als die der HEISENBERGschen Bewegungsgleichungen (6.1) bis (6.3), und zweitens reicht eine stationäre Lösung für ϱ (die aus Gl. (10.4) zu bestimmen ist, nachdem man dort die linke Seite gleich Null gesetzt hat) noch nicht aus, um die physikalisch interessierenden Korrelationsfunktionen für das Strahlungsfeld ausrechnen zu können, in die ja zwei verschiedene Zeiten eingehen (und die daher keine einfachen quantenmechanischen Erwartungswerte sind).

Wir wollen die geschilderten Probleme nicht weiter verfolgen und verweisen den interessierten Leser auf die Originalliteratur (s. z. B. [20, 26, 33, 42, 43, 76]).

Schließlich gibt es die Möglichkeit, die Eigenschaften der Laserstrahlung mit Hilfe einer sogenannten FOKKER-PLANCK-Gleichung zu untersuchen. Dabei handelt es sich um folgendes: Man geht im einfachsten Fall (s. [58]) von der VAN DER POLschen Gleichung für die (als klassische Größe aufgefaßte) komplexe Amplitude q^+ des elektrischen Feldes aus und ergänzt sie durch eine, einer fluktuierenden äußeren Kraft entsprechende Inhomogenität, also einen Rauschterm. In Analogie zu der Behandlung der BROWNschen Bewegung führt man nun eine Verteilungsfunktion $V(Q, \Phi)$ für die (reelle) Amplitude Q und die Phase Φ des Laserlichtes ein, für die sich aus der obengenannten Gleichung für q^+ eine partielle Differentialgleichung herleiten läßt. Durch Lösung der letzteren lassen sich dann recht einfach Aussagen über die Photonenstatistik (im besonderen auch in dem experimentell sehr gut zugänglichen schwellennahen Bereich) erhalten (s. [59, 60]), die sehr gut mit den experimentellen Ergebnissen übereinstimmen.

Die Methode der FOKKER-PLANCK-Gleichung wurde später auch im Hinblick auf die vollständig quantenmechanische Theorie des Lasers weiterentwickelt. Vom theoretischen Standpunkt ist dabei sehr interessant, daß es gelungen ist, die obige Bewegungsgleichung (10.4) für den Dichteoperator — die MASTER-Gleichung also — mathematisch in eine Gleichung vom FOKKER-PLANCK-Typ zu überführen, worauf wir ebenfalls nur hinweisen wollen. (Näheres s. [76], [33], [26] sowie [44].)

Mit diesen Bemerkungen wollen wir das Kapitel der vollständig quantenmechanischen Beschreibung des Laservorganges endgültig abschließen und uns einer experimentell bedeutsamen Folgerung aus unseren Ergebnissen zuwenden.

6. Störung eines induzierten Strahlungsüberganges

6.1. Verschwinden des Lasereffektes bei sehr starkem Pumpen

Die im vorigen Kapitel hergeleitete Formel

$$\bar{n} = \frac{\gamma^2}{8k^2}\left(\frac{4k^2N}{\varkappa\gamma}\sigma_0^A - 1\right) \tag{1.1}$$

für die mittlere Photonenzahl der Laserstrahlung (s. Gln. (8.7), (8.6) und (8.63) in Kapitel 5) ist physikalisch interessant hinsichtlich ihrer Abhängigkeit von der Größe γ_1, d. h. der Stärke des Pumpprozesses, von dem angenommen wurde, daß er vom unteren Niveau des Laserüberganges ausgeht. Das Pumpen wirkt sich einerseits auf den Wert der Inversion σ_0^A (entsprechend Gl. (6.5) in Kapitel 5) aus, es macht sich aber darüber hinaus in der Größe γ bemerkbar, der — wie man aus Gl. (6.2) in Kapitel 5 erkennt — die Bedeutung einer effektiven Niveaubreite (genauer gesprochen, Breite des Niveauabstandes des Atoms) zukommt.

Bei kleinen Werten der Inversion σ_0^A, also bei Werten γ_1, die sich von γ_2 (Übergangswahrscheinlichkeit für den Relaxationsvorgang $2 \to 1$) nur wenig unterscheiden, hängt $\bar{n}$ hauptsächlich über σ_0^A vom Pumpmechanismus ab (während sich die Größe γ, relativ gesehen, mit γ_1 nur wenig ändert). Gehen wir von einer Inversion σ_0^A aus, die unterhalb des Schwellenwertes σ_S^A liegt, so ist die nach Gl. (1.1) berechnete Größe $\bar{n}$ vorerst negativ (entsprechend der Tatsache, daß kein Laserbetrieb stattfinden kann). Mit zunehmender Stärke des Pumpens wird σ_0^A vergrößert, dadurch nähert sich $\bar{n}$ dem Wert Null, bei dessen Erreichen (für $\sigma_0^A = \sigma_S^A$) die Lasertätigkeit einsetzt. Bei weiterer Steigerung der Pumpleistung wächst σ_0^A und damit auch die mittlere Photonenzahl $\bar{n}$ immer mehr an, wie man es nicht anders erwartet.

Die Verhältnisse ändern sich jedoch grundlegend im Grenzfall sehr starken Pumpens[1]) ($\gamma_1 \gg \gamma_2$). Die Inversion σ_0^A strebt dann dem Wert Eins zu, der offenbar zugleich das theoretische Maximum von σ_0^A darstellt. Entscheidend für die Abhängigkeit der Photonenzahl

[1]) Man beachte, daß wir uns bei der Herleitung von Gl. (8.7), Kapitel 5, nicht auf den schwellennahen Bereich beschränkt haben. Letztere Einschränkung bezog sich nur auf Gl. (8.63), Kapitel 5, aber man wird annehmen dürfen, daß die Fluktuationsterme auch (weit) oberhalb der Schwelle nur einen vernachlässigbar kleinen Einfluß auf die Photonenbilanz haben.

von der Stärke des Pumpens ist nunmehr die Größe γ in Gl. (1.1). Offensichtlich nimmt $\bar{n}$ mit wachsendem γ_1 schließlich wieder ab und erreicht erneut den Wert Null.

Setzt man den Ausdruck (6.5) in Kapitel 5 für σ_0^A in Gl. (1.1) ein, so ergibt sich die Abhängigkeit der mittleren Photonenzahl $\bar{n}$ von γ_1 explizit zu

$$\begin{aligned} \bar{n} &= \frac{\gamma^2}{8k^2}\left(\frac{4k^2N}{\varkappa\gamma}\,\frac{\gamma_1-\gamma_2}{\gamma}-1\right) \\ &= \frac{1}{8k^2}\,(\gamma_1-\gamma_1^{(-)})\,(\gamma_1^{(+)}-\gamma_1), \end{aligned} \tag{1.2}$$

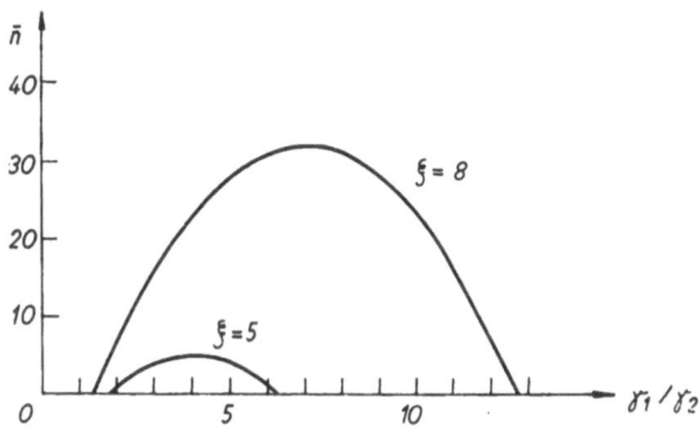

Abb. 4. Abhängigkeit der mittleren Photonenzahl $\bar{n}$ (in Einheiten $\gamma_2^2/8k^2$) von der Stärke des Pumpens für zwei verschiedene Werte des Parameters $\xi = 2k^2N/(\varkappa\gamma_2)$ gemäß Gl. (1.2)

wobei $\gamma_1^{(-)}$ und $\gamma_1^{(+)}$ die durch die Gleichung

$$\gamma_1^{(\pm)} = \gamma_2\left(\xi - 1 \pm \sqrt{\xi^2 - 4\xi}\right) \qquad \left(\xi \equiv \frac{2k^2N}{\varkappa\gamma_2}\right) \tag{1.3}$$

gegebenen Nullstellen der Größe $\bar{n}$ als Funktion von γ_1 bezeichnen (s. [13]). Es liegt somit ein parabelförmiger Kurvenverlauf vor, wie er in Abb. 4 veranschaulicht ist.

Die Größe $\gamma_1^{(-)}$ gibt die untere Schwelle für die Stärke des Pumpens an, die sich physikalisch sehr einfach verstehen läßt. Im stationären Laserbetrieb müssen ja die Verluste des Strahlungsfeldes durch die Nettoerzeugung von Photonen (im Gegenspiel von induzierter Emission und Absorption) gerade kompensiert werden. Dies ist, wie man aus den Bilanzgleichungen folgert, nur bei einem bestimmten — durch die Verlustkonstante für das Strahlungsfeld und durch den EINSTEIN-Koeffizienten für die induzierte Emission festgelegten — Wert der Inversion möglich (s. Gl. (2.4), Kapitel 3), und es muß so stark gepumpt werden, daß dieser Wert (bei abgeschaltetem Strahlungsfeld) noch übertroffen wird (s. Gl. (2.9), Kapitel 3), da die Ausstrahlung zu einem Abbau der Inversion führt.

Physikalisch unverständlich erscheint dagegen auf den ersten Blick die Existenz einer zweiten, oberen Schwelle $\gamma_1^{(+)}$ für die Stärke des Pumpens, also die Behauptung, daß man beim Pumpen „des Guten zuviel tun kann", genauer gesprochen, daß die Ausstrahlung des Lasers mit wachsender Pumpleistung schließlich wieder schwächer wird und die Lasertätigkeit letzten Endes ganz aufhört.

Nun kann man erst einmal sagen, daß dieser Effekt wahrscheinlich praktisch nicht nachweisbar ist, weil der obere Schwellenwert zu hoch liegt. Aus Gl. (1.3) erkennt man zunächst, daß die Größe $\gamma_1^{(+)}$ — in dem physikalisch nur interessierenden Bereich[1]) $\xi \geqq 4$ — eine mit ξ monoton wachsende Funktion darstellt; der kleinstmögliche Wert von $\gamma_1^{(+)}$ ergibt sich somit für $\xi = 4$. In diesem Fall (bei dem offenbar die beiden Schwellenwerte zusammenfallen) gilt dann nach Gl. (1.3)

$$\gamma_1^{(+)} = \gamma_1^{(-)} = 3\gamma_2, \tag{1.4}$$

woraus für die Inversion σ_0^A (bei abgeschaltetem Laserfeld) gemäß Gl. (6.5), Kapitel 5, der Wert 1/2 folgt, der weit über das hinausgeht, was man experimentell — im

[1]) Für $\xi < 4$ ist die durch Gl. (1.1) definierte Größe $\bar{n}$ für alle Werte von γ_1 negativ, d. h., es ist prinzipiell kein Laserbetrieb möglich.

stationären Betrieb – verwirklichen kann. Für größere Werte von ξ sinkt dann zwar die untere Schwelle $\gamma_1^{(-)}$ ab und rückt damit in experimentell zugängliche Bereiche, die obere Schwelle $\gamma_1^{(+)}$ verschiebt sich aber dabei zu immer größeren Werten.

Weiterhin muß man beachten, daß sich unsere Rechnung auf den Idealfall bezieht, daß sich alle Atome genau in Resonanz mit dem Strahlungsfeld befinden. Berücksichtigt man dagegen die inhomogene Verbreiterung der Atomlinie, wie sie im konkreten Experiment meist vorliegt (DOPPLER-Verbreiterung bei Gaslasern), so wird der obere Schwellenwert $\gamma_1^{(+)}$ für die Stärke des Pumpens noch weiter vergrößert (s. [14]).

Der oberen Laserschwelle scheint damit nur eine „akademische" Bedeutung zuzukommen. Wir wollen sie trotzdem zum Ausgangspunkt einer theoretischen Untersuchung machen, indem wir die Frage stellen, in welcher Weise sie eigentlich physikalisch verstanden werden kann, d. h., durch welchen physikalischen Effekt sie bedingt ist. Offenbar muß es so sein, daß der Prozeß der induzierten Emission behindert wird, wenn das untere Niveau des betreffenden Überganges zu schnell entleert wird.

Wir studieren daher einfach einmal das Verhalten eines – als Zwei-Niveau-System idealisierten – Atoms, das sich im Anfangszeitpunkt $t = 0$ im angeregten Niveau 2 befindet und einem induzierenden (monochromatischen) Strahlungsfeld ausgesetzt ist, und – worauf es besonders ankommt – dessen unteres Niveau 1 instabil ist. Die auf die Zeiteinheit bezogene Zerfallswahrscheinlichkeit des Niveaus 1 infolge von Relaxationsvorgängen (also irreversiblen Prozessen, die zu anderen Niveaus führen) bezeichnen wir wie bisher mit γ_1. Uns interessiert vor allem die Schnelligkeit, mit der das Atom aus dem oberen in das tiefere Niveau übergeht, in Abhängigkeit von γ_1, also der Stärkung der „Störung" des unteren Niveaus. Um diese Frage in einfacher Weise (im Rahmen der semiklassischen Theorie) zu beantworten, brauchen wir nur auf die im vierten Kapitel hergeleitete Formel für die Wahrscheinlichkeitsamplitude b_2 (Gl. (1.34), Kapitel 4, zusammen mit Gl. (1.18), Kapitel 4), zurückzugreifen. Setzen wir in Gl. (1.35), Kapitel 4, γ_2 gleich Null und beschränken uns auf den hauptsächlich interessierenden Fall starker Störung, der durch die Ungleichung

$$\frac{\gamma_1}{4} \gg |K| \tag{1.5}$$

zu kennzeichnen ist, so können wir näherungsweise schreiben

$$W = \sqrt{\left(\frac{\Omega}{2}\right)^2 + |K|^2} \approx \frac{\Omega}{2}\left(1 + \frac{2|K|^2}{\Omega^2}\right) \tag{1.6}$$

mit

$$\Omega = \Delta\omega - \frac{i\gamma_1}{2} \qquad (\Delta\omega = \omega - \omega_{21}) \tag{1.7}$$

(gemäß Gln. (1.24) und (1.19) in Kapitel 4). Dabei wurde noch berücksichtigt, daß aus der Relation (1.5) die Ungleichung $|\Omega|^2 = (\Delta\omega)^2 + \left(\frac{\gamma_1}{2}\right)^2 \gg 4\,|K|^2$ folgt.

Damit lautet die Wahrscheinlichkeitsamplitude b_2 gemäß Gln. (1.18) und (1.34) in Kapitel 4

$$b_2(t) \approx \frac{e^{-i\omega_2 t}}{1 + \frac{2|K|^2}{\Omega^2}} \left\{\left(1 + \frac{|K|^2}{\Omega^2}\right) e^{i\frac{|K|^2}{\Omega} t} + \frac{|K|^2}{\Omega^2}\, e^{-i\left(\Omega + \frac{|K|^2}{\Omega}\right)t}\right\}. \tag{1.8}$$

Beachtet man noch die Beziehung

$$\frac{1}{\Omega} = \frac{1}{\varDelta\omega - \frac{i\gamma_1}{2}} = \frac{\varDelta\omega + \frac{i\gamma_1}{2}}{(\varDelta\omega)^2 + \left(\frac{\gamma_1}{2}\right)^2}, \tag{1.9}$$

so erkennt man, daß der zweite Term in Gl. (1.8) sehr viel schneller (näherungsweise wie $\exp\{-\gamma_1 t/2\}$) abklingt als der erste (wobei außerdem noch der Vorfaktor $|K|^2/\Omega^2$ mit immer mehr anwachsender Stärke der Störung gegen Null geht); er ist daher für Zeiten $t > 2/\gamma_1$ bedeutungslos, und es gilt in guter Näherung

$$b_2(t) \approx e^{-i\omega_2 t}\, e^{\frac{4i\varDelta\omega|K|^2}{4(\varDelta\omega)^2+\gamma_1^2}t}\, e^{-\frac{2\gamma_1|K|^2}{4(\varDelta\omega)^2+\gamma_1^2}t}, \tag{1.10}$$

woraus für die Wahrscheinlichkeit, das ursprünglich angeregte Atom (bei einer entsprechenden Messung) noch im Ausgangszustand vorzufinden, der Wert

$$|b_2(t)|^2 \approx e^{-\frac{4\gamma_1|K|^2}{4(\varDelta\omega)^2+\gamma_1^2}t} \tag{1.11}$$

folgt.

Wir können somit die Größe

$$w_{\text{eff}} \equiv \frac{4\gamma_1|K|^2}{4(\varDelta\omega)^2+\gamma_1^2} \tag{1.12}$$

als effektive Übergangswahrscheinlichkeit (pro Zeiteinheit) für den induzierten Übergang — im Fall einer starken Störung des unteren Niveaus — auffassen.

Betrachten wir zunächst den Spezialfall der Resonanz ($\varDelta\omega = 0$), so bringt die vorstehende Gleichung offenbar genau den Effekt der Verminderung der Übergangswahrscheinlichkeit mit wachsender Stärke der Störung zum Ausdruck (nachdem letztere erst einmal die erforderliche Größenordnung $\gamma_1 \gg 4|K|$ erreicht hat), der als Ursache für die oben diskutierte Abnahme der Leistung eines Lasers bei zu starkem Pumpen anzusehen ist.

Interessant ist aber auch die Abhängigkeit der Aufenthaltswahrscheinlichkeit $|b_2(t)|^2$ von der Verstimmung $\Delta\omega$ zwischen Atom und Strahlungsfeld. Aus Gl. (1.12) ergibt sich der folgende Wert für das Verhältnis der Übergangswahrscheinlichkeit im Fall einer Verstimmung zu der entsprechenden Wahrscheinlichkeit im Resonanzfall zu

$$\frac{w_{\text{eff}}(\Delta\omega)}{w_{\text{eff}}(\Delta\omega = 0)} = \frac{\gamma_1^2}{4(\Delta\omega)^2 + \gamma_1^2}; \tag{1.13}$$

dieses Verhältnis wächst also (bei einem festen Wert der Verstimmung) mit zunehmender Stärke der Störung immer mehr an. Physikalisch bedeutet dies folgendes: Wenn wir ein Ensemble von Atomen mit verschiedenem Niveauabstand $\hbar\omega_{21}$ betrachten, die mit einem monochromatischen Strahlungsfeld wechselwirken, so wird (im Fall $\gamma_1 \gg 4|K|$) die Übergangswahrscheinlichkeit w_{eff} für die in Resonanz befindlichen Atome mit wachsender Stärke der Störung immer mehr vermindert; andererseits nehmen aber verstimmte Atome in immer stärkerem Maße an der Ausstrahlung teil, so daß der Effekt der Verkleinerung der Übergangswahrscheinlichkeit selbst wieder abgeschwächt wird, wenn man das gesamte Ensemble von Atomen ins Auge faßt. Wenn der Spielraum für die Niveauabstände $\hbar\omega_{21}$ groß genug ist, genauer gesagt, wenn die Breite der entsprechenden (bezüglich der Resonanzstelle $\omega_{21} = \omega$ als symmetrisch vorausgesetzten) Verteilungsfunktion $F(\omega_{21})$ wesentlich größer als γ_1 ist, so daß wir F in dem ω_{21}-Bereich, in dem w_{eff} merklich von Null verschieden ist, als konstant ansehen können, ergibt sich die totale Übergangswahrscheinlichkeit für das Ensemble mit der Abkürzung $F(\omega_{21} = \omega) = F_0$ zu

$$w^{\text{Ens}} \approx F_0 \int_{-\infty}^{\infty} \mathrm{d}(\Delta\omega) \frac{4\gamma_1|K|^2}{4(\Delta\omega)^2 + \gamma_1^2} \tag{1.14}$$

oder, wenn wir die Substitution

$$\frac{2\Delta\omega}{\gamma_1} = x \tag{1.15}$$

vornehmen,

$$w^{\mathrm{Ens}} = 2\,|K|^2\,F_0 \int\limits_{-\infty}^{\infty} \frac{\mathrm{d}x}{x^2+1} = 2\pi\,|K|^2\,F_0. \tag{1.16}$$

Die Größe w^{Ens} ist somit unabhängig von der Störung, d. h., die Verminderung der Übergangswahrscheinlichkeit für die in Resonanz befindlichen Atome wird dadurch genau wieder wettgemacht, daß sich bei zunehmender Stärke der Störung immer mehr verstimmte Atome an dem Ausstrahlungsprozeß beteiligen.

Erst wenn die Verteilungsfunktion F an den Stellen $\omega_{21} = \omega \pm \gamma_1/2$ schon merklich von ihrem Maximalwert an der Stelle $\omega_{21} = \omega$ abweicht, stehen nicht mehr genügend viele Atome zur Verfügung, die „einspringen“ können, so daß der Effekt der Verminderung der Übergangswahrscheinlichkeit w^{Ens} unter dem Einfluß der Störung — wenn auch nur in abgeschwächter Form — der Beobachtung zugänglich wird. Damit ist zugleich die oben erwähnte Erhöhung der oberen Laserschwelle bei inhomogener Verbreiterung der Atomlinie im Vergleich zu dem Idealfall, daß man es nur mit in Resonanz befindlichen Atomen zu tun hat, verständlich. Letztere liefern aber, worauf wir besonders hinweisen wollen, in jedem Fall den größten Beitrag zur gesamten Übergangswahrscheinlichkeit w^{Ens}.

Etwas anschaulicher können wir unser Ergebnis in einer Weise ausdrücken, die von der Theorie der spontanen Emission her geläufig ist, nämlich als Effekt einer endlichen Breite, die das untere Niveau unter der Einwirkung des anschließenden Relaxationsüberganges erhält. Man stellt sich dabei vor, daß ein Atom generell nur von einer solchen Strahlung beeinflußt wird (im Fall der spontanen Emission eine solche Strahlung aussendet), die frequenzmäßig genau in das Niveauschema des Atoms „hineinpaßt". Dabei werden die Atomniveaus als „verschmiert" angesehen, so daß — entsprechend den verschiedenen Unterniveaus innerhalb der Niveaubreite — unterschiedliche Frequenzen ins Spiel kommen. Wir interpretieren also die Tatsache, daß (gemäß Gl. (1.12)) eine Wechselwirkung zwischen dem Strahlungsfeld und dem Atom (dessen Niveaus bisher als scharf angenommen wurden) auch im Fall einer Verstimmung stattfindet, in der Weise, daß das untere Niveau verbreitert ist. Die entsprechende Verteilungsfunktion $f(\omega' - \omega_1)$ — die angibt, mit welcher Wahrscheinlichkeit ein bestimmtes Unterniveau $\hbar\omega'$ realisiert ist — hat man dann offenbar (von einem Normierungsfaktor abgesehen) mit der Größe w_{eff} (Gl. (1.12)) zu identifizieren, wobei $\Delta\omega$ durch $\Omega' \equiv \omega' - \omega_1$ zu ersetzen ist. (Die Größe $\hbar\omega_1$ markiert nunmehr die Mitte des [verschmierten] unteren Niveaus.) Wir erhalten so für die Verteilungsfunktion $f(\Omega')$, wenn wir sie gemäß der Relation $\int\limits_{-\infty}^{\infty} F(\Omega')\,\mathrm{d}\Omega' = 1$ normieren, den folgenden Ausdruck

$$F(\Omega') = \frac{2}{\pi} \frac{\gamma_1}{4\Omega'^2 + \gamma_1^2}. \tag{1.17}$$

Man beachte dabei, daß die Konzeption der Verbreiterung des unteren Niveaus infolge der Störung erst dadurch möglich wird, daß die über die Verstimmung $\Delta\omega$ integrierte Übergangswahrscheinlichkeit (1.14) nicht von der Stärke der Störung abhängt.

Der oben diskutierte Effekt der Reduzierung der Übergangswahrscheinlichkeit kann dann an Hand von Gl. (1.17) folgendermaßen beschrieben werden: Mit wachsender Stärke der Störung des Niveaus 1 wird, wie in Abb. 5 veranschaulicht, die Verteilungsfunktion f, als Kurve dargestellt, breiter und damit auch flacher. Dies führt dazu, daß einerseits die ursprünglich in Resonanz befindlichen Atome (für die also $\omega_{21} = \omega$ gilt) — da sie mit immer kleinerer Wahrscheinlichkeit im Unterniveau $\omega' = \omega_1$ „angetroffen“ werden — immer weniger an der Wechselwirkung mit dem Strahlungsfeld beteiligt sind und andererseits verstimmte Atome (für die also die Größe $\Delta\omega = \omega - \hat{\omega}_{21}$ von Null verschieden ist) sich mit zunehmender Wahrscheinlichkeit auch einmal im Unterniveau $\omega' = \hat{\omega}_1 - \Delta\omega$ aufhalten (dies geschieht nach Gl. (1.17) dann, wenn der Wert von γ_1 die Größenordnung $2|\Delta\omega|$ erreicht) und damit an der Wechselwirkung teilnehmen.

Wir erwähnen schließlich noch, daß man den Effekt der Verminderung der Übergangswahrscheinlichkeit unter dem Einfluß einer (irreversiblen) Störung des unteren Niveaus in Zusammenhang mit der quantenmechanischen Theorie des Meßprozesses bringen kann. Er läßt sich dann — jedenfalls vom Standpunkt des Theoretikers, der sich an die Vorstellung der „Ausreduktion der Wellenpakete“ gewöhnt hat — folgendermaßen verstehen: Der vom unteren Niveau ausgehende Relaxationsvorgang kann als ein Meßprozeß aufgefaßt werden, bei

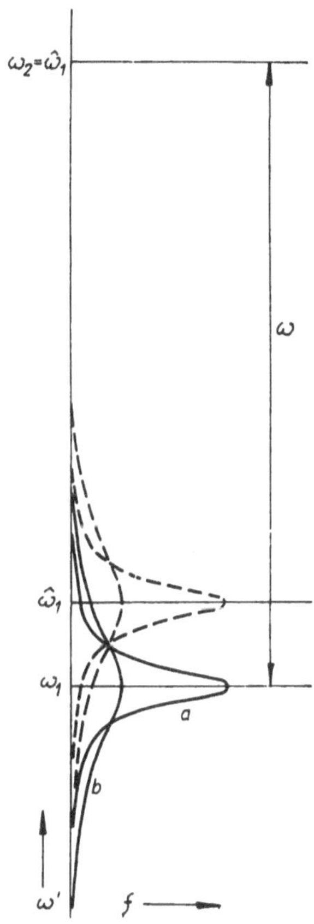

Abb. 5. Niveauverbreiterung unter dem Einfluß einer irreversiblen Störung für zwei Atome, von denen sich (bei abgeschalteter Störung) das eine in Resonanz mit dem Strahlungsfeld befindet, das andere dagegen nicht. Die Kurve b entspricht einer — im Vergleich zu a — vergrößerten Stärke der Störung

dem festgestellt wird, ob der induzierte Übergang stattgefunden hat. Wenn der Relaxationsprozeß beispielsweise in der spontanen Emission eines Lichtquants besteht, brauchte man nur noch einen (idealen) Zähler aufzustellen, um das genannte Lichtquant nachzuweisen, wobei man, da der Relaxationsvorgang selbst schon irreversibel abläuft, vernünftigerweise annehmen kann, daß der Zähler den physikalischen Vorgang im Atom selbst nicht beeinflußt, m. a. W., daß es sich um eine bloße Registrierung eines Ereignisses handelt. Aus dem Ansprechen des Zählers zu einer Zeit t_1 kann man dann schließen, daß der induzierte Übergang im davorliegenden Zeitintervall $t_1 - 1/\gamma_1 \ldots t_1$ stattgefunden hat. (Da dem unteren Niveau eine mittlere Lebensdauer der Größe $1/\gamma_1$ zuzuschreiben ist, kann sich das Atom so lange in diesem Niveau aufgehalten haben, bevor es das vom Zähler nachgewiesene Quant emittierte.) Andererseits kann man aus dem Nichtansprechen des Zählers zur Zeit t_1 den Schluß ziehen, daß der induzierte Übergang noch nicht — jedenfalls nicht vor dem Zeitpunkt $t_1 - 1/\gamma_1$ — erfolgt ist. (Wir setzen die Stärke der Störung wieder als hinreichend groß voraus, so daß eine Rückkehr vom Niveau 1 zu dem Niveau 2 [durch Absorption] praktisch nicht vorkommt.) Die Angaben des Zählers sind also mit einer zeitlichen Unschärfe der Größe $1/\gamma_1$ behaftet, was man formal so beschreiben kann, daß der Zähler immer in Zeitabständen $1/\gamma_1$ „nachsieht", ob das Atom schon im unteren Niveau angekommen ist. Dies bedeutet im quantenmechanischen Formalismus des Meßprozesses, man hat die Wellenfunktion — genauer, die Dichtematrix — für das Zwei-Niveau-System ohne Störung (letztere wird ja als Meßprozeß behandelt!) in zeitlichen Abständen der Größe $1/\gamma_1$ ständig auszureduzieren. Dabei werden jedesmal die Nichtdiagonalelemente der Dichtematrix (bezüglich der Energie-Darstellung für das Atom) gestrichen, d. h., es steht fest, daß sich das Atom zu dem betreffenden Zeitpunkt entweder im oberen oder im unteren Niveau (nicht aber in einem Überlagerungszustand, bei dem beide

Niveaus zugleich angeregt sind) befindet. Eine ungestörte Entwicklung des Systems gemäß der SCHRÖDINGER-Gleichung vollzieht sich somit nur in Zeitintervallen der Länge $\Delta t \approx 1/\gamma_1$, und es ist bekannt, daß die SCHRÖDINGER-Gleichung für sehr kleine Zeiten Δt Übergangswahrscheinlichkeiten (pro Zeiteinheit) liefert, die selbst proportional zu Δt sind, so daß im Limes $\Delta t \to 0$, der in unserem Fall dem immer weiteren Anwachsen der Stärke der Störung des unteren Niveaus entspricht, gar keine Übergänge mehr stattfinden und das Atom somit im Ausgangszustand bleibt.

Etwas anschaulicher läßt sich der geschilderte Effekt durch Betrachtung des Erwartungswertes $\langle \boldsymbol{D} \rangle$ des elektrischen Dipolmomentes des Atoms erläutern: Wie in Abschn. 4.1 ausgeführt, bedeutet jede Ausreduktion der obengenannten Art, daß der Wert von $\langle \boldsymbol{D} \rangle$ sprunghaft auf Null abfällt. Die ständige Messung zerstört somit stets das elektrische Dipolmoment, das sich jedesmal, von Null anwachsend, aufs neue ausbilden muß, so daß im Limes $\gamma_1 \to \infty$ schließlich überhaupt kein Dipolmoment mehr zustande kommt und damit die Wechselwirkung mit dem Strahlungsfeld verschwindet.

Es ist fast überflüssig zu bemerken, daß das oben geschilderte Verhalten eines ursprünglich angeregten Atoms unter dem Einfluß einer am unteren Niveau angreifenden (irreversiblen) Störung natürlich nicht aus den Bilanzgleichungen gefolgert werden kann, wenn man, wie es üblich ist, die Übergangswahrscheinlichkeit für den Prozeß der induzierten Emission als unabhängig von den Übergangswahrscheinlichkeiten für die Relaxationsvorgänge ansieht (s. Gl. (1.6), Kapitel 3). Die Störung des unteren Niveaus stellt dann einen reinen „Entleerungseffekt" dar, der sich nur günstig auf den Zerfall des oberen Niveaus (infolge induzierter Emission) auswirken kann. Wir wollen dies noch explizit zeigen.

Gemäß Gln. (1.9) und (1.10) in Kapitel 3 lauten in unserem Fall die Bewegungsgleichungen für die mittleren Besetzungszahlen N_1 und N_2 der beiden Niveaus (die wir uns gemäß der Relation $N_1(0) + N_2(0) = 1$ normiert denken)

$$\dot{N}_1 = B\bar{n}(N_2 - N_1) - \gamma_1 N_1, \tag{1.18}$$

$$\dot{N}_2 = -B\bar{n}(N_2 - N_1) \tag{1.19}$$

mit der Anfangsbedingung

$$N_1(0) = 0, \quad N_2(0) = 1. \tag{1.20}$$

Wir betrachten dabei die mittlere Photonenzahl $\bar{n}$ des induzierenden Feldes als vorgegeben und setzen den induzierten Übergang als so stark voraus, daß spontane Übergänge $2 \to 1$ nicht berücksichtigt zu werden brauchen.

Differenzieren wir zum Zwecke der Elimination von N_1 die Differentialgleichung (1.19) noch einmal und machen Gebrauch von der durch Addition der Gln. (1.18) und (1.19) entstehenden Beziehung

$$\dot{N}_1 + \dot{N}_2 = -\gamma_1 N_1, \tag{1.21}$$

so erhalten wir zunächst die Relation

$$\ddot{N}_2 = -B\bar{n}\dot{N}_2 + B\bar{n}\dot{N}_1 = -2B\bar{n}N_2 - B\bar{n}\gamma_1 N_1. \tag{1.22}$$

Setzen wir hier für $B\bar{n}N_1$ den aus Gl. (1.19) folgenden Wert ein, so entsteht schließlich die Differentialgleichung

$$\ddot{N}_2 + (2B\bar{n} + \gamma_1)\dot{N}_2 + B\bar{n}\gamma_1 N_2 = 0, \tag{1.23}$$

deren Lösung durch

$$N_2(t) = c^{(+)} e^{\alpha^{(+)}t} + c^{(-)} e^{\alpha^{(-)}t} \tag{1.24}$$

mit

$$\alpha^{(\pm)} = -B\bar{n} - \frac{\gamma_1}{2} \pm \tilde{W}, \quad \tilde{W} \equiv \sqrt{(B\bar{n})^2 + \left(\frac{\gamma_1}{2}\right)^2} \tag{1.25}$$

gegeben ist.

Die Werte der Koeffizienten $c^{(+)}$ und $c^{(-)}$ folgen aus der Anfangsbedingung

$$N_2(0) = 1, \quad \dot{N}_2(0) = -B\bar{n} \tag{1.26}$$

(die sich aus Gln. (1.20) unter Zuhilfenahme von Gl. (1.19) ergibt) zu

$$c^{(+)} = -\frac{B\bar{n} + \alpha^{(-)}}{\alpha^{(+)} - \alpha^{(-)}}, \qquad c^{(-)} = \frac{B\bar{n} + \alpha^{(+)}}{\alpha^{(+)} - \alpha^{(-)}}, \tag{1.27}$$

und Gl. (1.24) lautet damit explizit

$$N_2(t) = \frac{1}{2}\left(1 + \frac{\gamma_1}{2\tilde{W}}\right) e^{-\left(\tilde{W} - B\bar{n} - \frac{\gamma_1}{2}\right)t} + \frac{1}{2}\left(1 - \frac{\gamma_1}{2\tilde{W}}\right) e^{-\left(\tilde{W} + B\bar{n} + \frac{\gamma_1}{2}\right)t}. \tag{1.28}$$

Im Fall starker Störung ($\gamma_1 \gg 2B\bar{n}$) können wir $\tilde{W}$ näherungsweise gleich $\gamma_1/2$ setzen. Der zweite Term auf der rechten Seite von Gl. (1.28) klingt dann sehr schnell ab (wobei außerdem der vor der Exponentialfunktion stehende Faktor für $\gamma_1 \to \infty$ gegen Null geht), so daß sich, Gl. (1.28) vereinfacht zu

$$N_2(t) \approx e^{-B\bar{n}t}. \tag{1.29}$$

Das bedeutet also, die mittlere Verweilzeit des Atoms im oberen Niveau ist unabhängig von der (hinreichend starken) Störung des unteren Niveaus, und die zugehörige Übergangswahrscheinlichkeit ist gerade gleich dem

EINSTEIN-Koeffizienten für die induzierte Emission, was nicht überraschend ist.

Es liegt nun sehr nahe, an Stelle einer irreversiblen Störung durch einen Relaxationsvorgang auch einmal einen reversiblen Störmechanismus zu betrachten, wie er durch einen induzierten Übergang repräsentiert wird. Der letztere hat, experimentell gesehen, den Vorteil, daß er mit Hilfe eines Laserprozesses verhältnismäßig leicht realisiert werden kann. Es läßt sich dabei — unter geeigneten experimentellen Bedingungen — eine sehr intensive Störwirkung erzielen, die zudem in ihrer Stärke kontinuierlich geändert werden kann, was für eine detaillierte Untersuchung des Einflusses der Störung auf das Geschehen im Atom ebenfalls sehr günstig ist. Wir wollen uns daher im folgenden Abschnitt mit der Störung eines induzierten Überganges durch einen zweiten induzierten Übergang, der mit dem ersteren ein Niveau gemein hat, im Rahmen der semiklassischen Theorie näher beschäftigen. Wir folgen dabei [17].

6.2. Zwei gekoppelte induzierte Übergänge

Wir studieren das Verhalten eines Drei-Niveau-Systems, das mit zwei (monochromatischen) Strahlungsfeldern der Kreisfrequenz ω bzw. $\tilde{\omega}$ in Wechselwirkung steht, die sich näherungsweise in Resonanz mit den Übergängen $2 \leftrightarrow 1$ bzw. $3 \leftrightarrow 1$ befinden (s. Abb. 6). Die Niveauabstände $\hbar\omega_{21}$ und $\hbar\omega_{31}$ seien so sehr verschieden, daß bei den genannten Übergängen jeweils nur das frequenzmäßig passende Strahlungsfeld wirksam ist. Wir nehmen weiterhin der Einfachheit halber an, daß keine Relaxationsvorgänge stattfinden (zumindest, daß derartige Prozesse sehr schwach im Vergleich zu den induzierten sind).

Wir können dann die in Abschn. 4.1 durchgeführte Behandlung des Zwei-Niveau-Systems ohne Schwierigkeit auf unseren jetzigen Fall verallgemeinern und erhalten so — analog zu den Gln. (1.12) und (1.13) in Kapitel 4 — die SCHRÖDINGER-Gleichung (in der H^0-Darstellung) in folgender Gestalt:

$$i\dot{b}_1 = \omega_1 b_1 + (K_2\, e^{i\omega t} + K_2^*\, e^{-i\omega t})\, b_2 + (K_3\, e^{i\tilde{\omega} t} + K_3^*\, e^{-i\tilde{\omega} t})\, b_3, \quad (2.1)$$

$$i\dot{b}_2 = \omega_2 b_2 + (K_2\, e^{i\omega t} + K_2^*\, e^{-i\omega t})\, b_1, \quad (2.2)$$

$$i\dot{b}_3 = \omega_3 b_3 + (K_3\, e^{i\tilde{\omega} t} + K_3^*\, e^{-i\tilde{\omega} t})\, b_1. \quad (2.3)$$

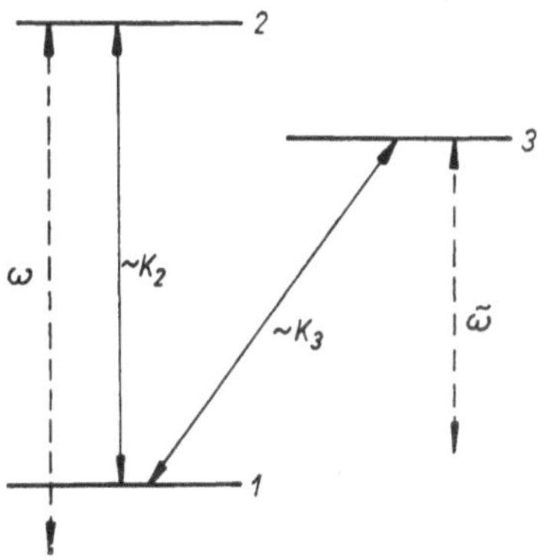

Abb. 6. Zwei gekoppelte induzierte Übergänge bei einem Drei-Niveau-System

Dabei lauten gemäß Gl. (1.11), Kapitel 4, die effektiven Kopplungskonstanten für die induzierten Übergänge, wenn wir die elektrische Feldstärke am Schwerpunkt des Atoms in der Form

$$\boldsymbol{E}(\boldsymbol{r}_A, t) = \boldsymbol{E}_0 \cos(\omega t + \varphi) + \tilde{\boldsymbol{E}}_0 \cos(\tilde{\omega} t + \tilde{\varphi}) \quad (2.4)$$

schreiben, explizit

$$K_2 = -\frac{1}{2\hbar}\, \boldsymbol{D}_{12}\, \boldsymbol{E}_0\, e^{i\varphi}, \qquad K_3 = -\frac{1}{2\hbar}\, \boldsymbol{D}_{13} \tilde{\boldsymbol{E}}_0\, e^{i\tilde{\varphi}}. \quad (2.5)$$

Separieren wir wieder die ungestörte Zeitabhängigkeit gemäß dem Ansatz

$$b_j(t) = c_j(t)\, e^{-i\omega_j t} \qquad (j = 1, 2, 3) \tag{2.6}$$

und vernachlässigen — entsprechend der „rotating wave approximation“ — die hochfrequenten Terme, so entsteht aus Gln. (2.1) bis (2.3) das folgende Gleichungssystem

$$i\dot{c}_1 = K_2\, e^{i\delta_2 t}\, c_2 + K_3\, e^{i\delta_3 t}\, c_3, \tag{2.7}$$

$$i\dot{c}_2 = K_2^*\, e^{-i\delta_2 t}\, c_1, \tag{2.8}$$

$$i\dot{c}_3 = K_3^*\, e^{-i\delta_3 t}\, c_1, \tag{2.9}$$

wobei die Größen

$$\delta_2 \equiv \omega - \omega_{21}, \quad \delta_3 \equiv \tilde{\omega} - \omega_{31} \tag{2.10}$$

die jeweilige Verstimmung bezeichnen.

Es empfiehlt sich nun, durch die Substitutionen

$$c_1 = C_1, \quad c_2 = e^{-i\delta_2 t}\, C_2, \quad c_3 = e^{-i\delta_3 t}\, C_3 \tag{2.11}$$

von den Gln. (2.7) bis (2.9) zu einem Differentialgleichungssystem mit konstanten Koeffizienten überzugehen, das, wie man leicht nachprüft, folgendermaßen lautet

$$i\dot{C}_1 = K_2 C_2 + K_3 C_3, \tag{2.12}$$

$$i\dot{C}_2 = -\,\delta_2 C_2 + K_2^* C_1, \tag{2.13}$$

$$i\dot{C}_3 = -\,\delta_3 C_3 + K_3^* C_1. \tag{2.14}$$

Es ist ganz interessant zu bemerken, daß — bei geeigneter Wahl des Nullpunktes der Energiezählung — genau das gleiche System auch aus einer vollständig quantenmechanischen Theorie hergeleitet werden kann, wenn man voraussetzt, daß die Photonenzahlen der beiden (jeweils durch Anregungszustände einer einzigen

Eigenschwingung des Strahlungsfeldes repräsentierten) Felder im Ausgangszustand scharf sind.

Es bereitet nun zwar prinzipiell keine Schwierigkeiten, das Gleichungssystem (2.12) bis (2.14) direkt zu lösen; man stößt jedoch — da man durch den Eliminationsprozeß auf eine Differentialgleichung dritter Ordnung für eine der Größen C_j allein geführt wird — auf eine kubische Gleichung, wodurch die Ergebnisse recht unübersichtlich werden. (Eine Rechnung dieser Art findet sich in [17].)

Eine andere — und, wie sich zeigen wird, sehr vorteilhafte — Methode der Behandlung des Gleichungssystems (2.12) bis (2.14) besteht darin, es einer unitären Transformation zu unterwerfen. Wir schreiben zu diesem Zweck zunächst die genannten Gleichungen in Matrixform auf, wobei es sich für das Folgende als zweckmäßig erweist, die Koeffizienten C_j in der Reihenfolge C_3, C_1, C_2 zu einem Vektor $\boldsymbol{C}$ zusammenzufassen. Wir gelangen so zu der Relation

$$i\dot{\boldsymbol{C}} = M\boldsymbol{C} \tag{2.15}$$

mit

$$M = \begin{pmatrix} -\delta_3 & K_3^* & 0 \\ K_3 & 0 & K_2 \\ 0 & K_2^* & -\delta_2 \end{pmatrix} \quad \text{und} \quad \boldsymbol{C} = \begin{pmatrix} C_3 \\ C_1 \\ C_2 \end{pmatrix}. \tag{2.16}$$

Die Transformation soll nun so beschaffen sein, daß die Kopplung zwischen den neuen „Niveaus“ 3′ und 1′ verschwindet. Dafür wird dann eine neu auftretende Kopplung zwischen den neuen „Niveaus“ 2′ und 3′ in Kauf genommen. Mehr formal gesprochen, es soll nicht die ganze Matrix M diagonalisiert werden (was der Lösung der oben erwähnten kubischen Gleichung entspräche), sondern nur der Anteil

$$M_3 = \begin{pmatrix} -\delta_3 & K_3^* \\ K_3 & 0 \end{pmatrix} \tag{2.17}$$

dieser Matrix.

Wir haben also das Eigenwertproblem

$$M_3 \boldsymbol{e} = \varepsilon \boldsymbol{e} \qquad \left(\boldsymbol{e} = \begin{pmatrix} e_3 \\ e_1 \end{pmatrix}\right) \tag{2.18}$$

zu lösen. Die Eigenwerte ε zunächst ergeben sich aus der Bedingung, daß die Koeffizientendeterminante in Gl. (2.18) verschwinden muß (da es sich ja um ein homogenes Gleichungssystem für e_3 und e_1 handelt), d. h. aus der Gleichung

$$(\delta_3 + \varepsilon)\varepsilon - |K_3|^2 = 0 \tag{2.19}$$

zu

$$\varepsilon^{(\pm)} = -\frac{\delta_3}{2} \pm \sqrt{\left(\frac{\delta_3}{2}\right)^2 + |K_3|^2}, \tag{2.20}$$

und für die zugehörigen (auf Eins normierten) Eigenvektoren $\boldsymbol{e}^{(+)}$ und $\boldsymbol{e}^{(-)}$ findet man leicht die Darstellung

$$\boldsymbol{e}^{(\pm)} \equiv \begin{pmatrix} e_3^{(\pm)} \\ e_1^{(\pm)} \end{pmatrix} = \begin{pmatrix} \dfrac{\varepsilon^{(\pm)}}{\sqrt{\varepsilon^{(\pm)2} + |K_3|^2}} \\ \dfrac{K_3}{\sqrt{\varepsilon^{(\pm)2} + |K_3|^2}} \end{pmatrix}. \tag{2.21}$$

Die Hauptachsentransformation der Matrix M_3 lautet damit also explizit

$$U_3 M_3 U_3^{-1} = M_3' \tag{2.22}$$

mit

$$M_3' = \begin{pmatrix} \varepsilon^{(+)} & 0 \\ 0 & \varepsilon^{(-)} \end{pmatrix} \tag{2.23}$$

und

$$U_3^{-1} = \begin{pmatrix} e_3^{(+)} & e_3^{(-)} \\ e_1^{(+)} & e_1^{(-)} \end{pmatrix}, \tag{2.24}$$

woraus unter Beachtung der Unitarität von U_3 folgt

$$U_3 = (U_3^{-1})^+ = \begin{pmatrix} e_3^{(+)*} & e_1^{(+)*} \\ e_3^{(-)*} & e_1^{(-)*} \end{pmatrix}. \tag{2.25}$$

Wir unterwerfen nun das ursprüngliche Gleichungssystem (2.15) der folgenden unitären Transformation

$$C' \equiv \begin{pmatrix} C_{3'} \\ C_{1'} \\ C_{2'} \end{pmatrix} = \left(\begin{array}{cc|c} \multicolumn{2}{c|}{U_3} & 0 \\ & & 0 \\ \hline 0 & 0 & 1 \end{array}\right) C \tag{2.26}$$

und erhalten so die Relation

$$i\dot{C}' = M'C' \tag{2.27}$$

mit

$$M' = \left(\begin{array}{cc|c} \multicolumn{2}{c|}{U_3} & 0 \\ & & 0 \\ \hline 0 & 0 & 1 \end{array}\right) M \left(\begin{array}{cc|c} \multicolumn{2}{c|}{U_3^{-1}} & 0 \\ & & 0 \\ \hline 0 & 0 & 1 \end{array}\right) = \begin{pmatrix} \varepsilon^{(+)} & 0 & K_2 e_1^{(+)*} \\ 0 & \varepsilon^{(-)} & K_2 e_1^{(-)*} \\ K_2^* e_1^{(+)} & K_2^* e_1^{(-)} & -\delta_2 \end{pmatrix}. \tag{2.28}$$

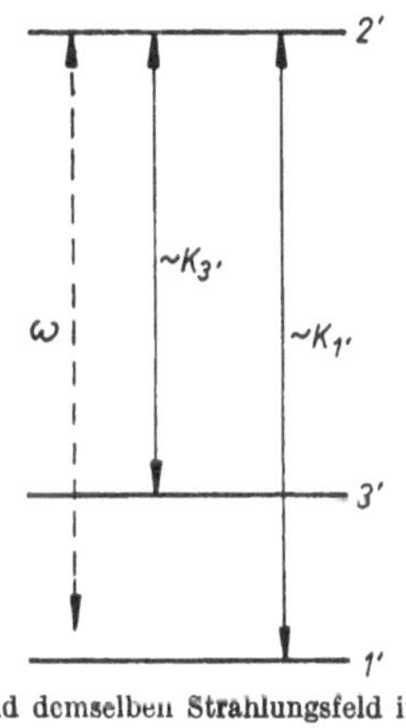

Abb. 7. Zwei von ein und demselben Strahlungsfeld induzierte Übergänge bei einem Drei-Niveau-System

Der Vorteil des durchgeführten Transformationsverfahrens liegt nun darin, daß sich das Gleichungssystem (2.27) physikalisch leicht interpretieren läßt. Es kann nämlich, wie wir gleich näher erläutern werden, als SCHRÖDINGER-Gleichung (in der H^0-Darstellung) für ein Drei-Niveau-System gemäß Abb. 7 aufgefaßt werden, bei dem jeweils ein induzierter Übergang zwischen den Niveaus 2′ und 1′ sowie 2′ und 3′ — nicht aber zwischen 1′ und 3′ — stattfindet, wobei beide Übergänge durch ein und dasselbe Strahlungsfeld der Kreisfrequenz ω induziert werden.

Um diese Behauptung im einzelnen zu beweisen, schreiben wir die SCHRÖDINGER-Gleichung für das letztgenannte physikalische System einmal explizit auf. Bezeichnen wir mit b_k die Wahrscheinlichkeitsamplituden für die einzelnen Niveaus mit den Energien $\hbar\omega_k$ ($k = 1'$, $2'$, $3'$), mit $K_{1'}$ bzw. $K_{3'}$ die effektiven Kopplungskonstanten für die induzierten Übergänge $2' \leftrightarrow 1'$ bzw. $2' \leftrightarrow 3'$ und mit ω die Kreisfrequenz des induzierenden Feldes, so lautet die SCHRÖDINGER-Gleichung (in der H^0-Darstellung) in Analogie zu Gln. (2.1) bis (2.3)

$$i\dot{b}_{1'} = \omega_{1'} b_{1'} + (K_{1'} e^{i\omega t} + K_{1'}^* e^{-i\omega t})\, b_{2'}, \tag{2.29}$$

$$i\dot{b}_{2'} = \omega_{2'} b_{2'} + (K_{1'} e^{i\omega t} + K_{1'}^* e^{-i\omega t})\, b_{1'} + (K_{3'} e^{i\omega t} + K_{3'}^* e^{-i\omega t}) b_{3'}, \tag{2.30}$$

$$i\dot{b}_{3'} = \omega_{3'} b_{3'} + (K_{3'} e^{i\omega t} + K_{3'}^* e^{-i\omega t})\, b_{2'} \tag{2.31}$$

oder, wenn wir die ungestörte Zeitabhängigkeit abseparieren (s. Gl. (2.6)) und wieder die „rotating wave approximation“ verwenden,

$$i\dot{c}_{1'} = K_{1'}\, e^{i\delta_{1'} t}\, c_{2'}, \tag{2.32}$$

$$i\dot{c}_{2'} = K_{1'}^* e^{-i\delta_{1'} t}\, c_{1'} + K_{3'}^* e^{-i\delta_{3'} t}\, c_{3'}, \tag{2.33}$$

$$i\dot{c}_{3'} = K_{3'}\, e^{i\delta_{3'} t}\, c_{2'}, \tag{2.34}$$

wobei die Größen $\delta_{1'}$ und $\delta_{3'}$ wieder die Werte der jeweiligen Verstimmung angeben, d. h., es gilt

$$\delta_{1'} = \omega - \omega_{2'1'}, \qquad \delta_{3'} = \omega - \omega_{2'3'}. \tag{2.35}$$

Führen wir noch (in Analogie zu Gln. (2.11)) die Substitutionen

$$c_{2'} = C_{2'}, \quad c_{1'} = e^{i\delta_{1'}t}\, C_{1'}, \qquad c_{3'} = e^{i\delta_{3'}t}\, C_{3'}, \tag{2.36}$$

aus, so erhalten wir schließlich das Differentialgleichungssystem

$$i\dot{C}_{1'} = \delta_{1'} C_{1'} + K_{1'} C_{2'}, \tag{2.37}$$

$$i\dot{C}_{2'} = K^*_{1'} C_{1'} + K^*_{3'} C_{3'}, \tag{2.38}$$

$$i\dot{C}_{3'} = \delta_{3'} C_{3'} + K_{3'} C_{2'} \tag{2.39}$$

oder, in Matrixform aufgeschrieben,

$$i\begin{pmatrix}\dot{C}_{3'}\\ \dot{C}_{1'}\\ \dot{C}_{2'}\end{pmatrix} = \begin{pmatrix}\delta_{3'} & 0 & K_{3'}\\ 0 & \delta_{1'} & K_{1'}\\ K^*_{3'} & K^*_{1'} & 0\end{pmatrix}\begin{pmatrix}C_{3'}\\ C_{1'}\\ C_{2'}\end{pmatrix}. \tag{2.40}$$

Für einen Vergleich mit Gl. (2.27) ist es zweckmäßig, dort noch den physikalisch bedeutungslosen Phasenfaktor $\exp\{i\delta_2 t\}$ mit Hilfe der Substitution

$$C' = e^{i\delta_2 t}\, \tilde{C}' \tag{2.41}$$

abzuspalten. Aus Gl. (2.27) wird dann

$$i\begin{pmatrix}\dot{\tilde{C}}_{3'}\\ \dot{\tilde{C}}_{1'}\\ \dot{\tilde{C}}_{2'}\end{pmatrix} = \begin{pmatrix}\varepsilon^{(+)} + \delta_2 & 0 & K_2 e_1^{(+)*}\\ 0 & \varepsilon^{(-)} + \delta_2 & K_2 e_1^{(-)*}\\ K_2^* e_1^{(+)} & K_2^* e_1^{(-)} & 0\end{pmatrix}\begin{pmatrix}\tilde{C}_{3'}\\ \tilde{C}_{1'}\\ \tilde{C}_{2'}\end{pmatrix}. \tag{2.42}$$

Die Gleichungssysteme (2.40) und (2.42) werden offenbar identisch, wenn wir die folgenden Identifikationen vornehmen

$$\omega - \omega_{2'3'} = \varepsilon^{(+)} + \omega - \omega_{21}, \tag{2.43}$$

$$\omega - \omega_{2'1'} = \varepsilon^{(-)} + \omega - \omega_{21}, \tag{2.44}$$

$$K_{3'} = e_1^{(+)*} K_2, \qquad K_{1'} = e_1^{(-)*} K_2. \tag{2.45}$$

Nehmen wir an, daß die Niveaus 2 und 2′ zusammenfallen (was wir, da es nur auf Energiedifferenzen ankommt, ohne weiteres tun können), so folgen aus den Gln. (2.43) und (2.44) die einfachen Beziehungen

$$\omega_{3'} = \omega_1 + \varepsilon^{(+)}, \qquad \omega_{1'} = \omega_1 + \varepsilon^{(-)}. \tag{2.46}$$

Wir können unser Ergebnis damit folgendermaßen ausdrücken: Das Problem der Störung eines (durch ein elektromagnetisches Feld der Kreisfrequenz ω) induzierten Überganges zwischen den Niveaus 2 und 1 eines Atoms infolge Ankopplung eines weiteren elektromagnetischen Feldes, das sich näherungsweise in Resonanz mit einem zweiten möglichen Übergang $3 \leftrightarrow 1$ befindet, ist formal äquivalent dem eines Atoms, bei dem das frühere (den beiden induzierten Übergängen gemeinsame) Niveau 1 in zwei Niveaus 1′ und 3′ aufspaltet und nur das Strahlungsfeld der Kreisfrequenz ω induzierte Übergänge zwischen dem (mit dem ursprünglichen Niveau 2 zusammenfallenden) Niveau 2′ und dem Niveau 1′ bzw. 3′ bewirkt. Kurz gesagt, der gesamte durch den induzierten Übergang $3 \leftrightarrow 1$ repräsentierte Störmechanismus entspricht einer Aufspaltung des Niveaus 1 in zwei Niveaus 1′ und 3′ gemäß Gl. (2.46).

Der Zusammenhang zwischen den effektiven Kopplungskonstanten $K_{1'}$ und $K_{3'}$ für die beiden Übergänge im „Ersatzmodell" und den Kopplungskonstanten K_2 und K_3 des ursprünglichen Problems ist durch Gln. (2.45) gegeben. Setzt man dort die Werte (2.21) für $e_1^{(+)}$ und $e_1^{(-)}$ ein, so erhält man explizit

$$K_{3'} = \frac{K_3^*}{\sqrt{\varepsilon^{(+)2} + |K_3|^2}} K_2, \quad K_{1'} = \frac{K_3^*}{\sqrt{\varepsilon^{(-)2} + |K_3|^2}} K_2, \tag{2.47}$$

woraus sofort ersichtlich ist, daß $K_{1'}$ und $K_{3'}$ betragsmäßig kleiner als K_2 sind. Falls der Störprozeß genauen

Resonanzcharakter besitzt, d. h. im Fall $\delta_3 = 0$, gilt nach Gl. (2.20) offenbar

$$\varepsilon^{(+)} = |K_3|, \quad \varepsilon^{(-)} = -|K_3|, \tag{2.48}$$

und die Kopplungskonstanten (2.47) lauten, wenn wir noch K_3 als positiv reell voraussetzen (was nur eine geeignete Verfügung über die Phasen der ungestörten Eigenfunktionen des Atoms — und damit über die Phase der $\tilde{\boldsymbol{E}}_0$-Komponente von $\boldsymbol{D}_{13}$ — bedeutet), einfach

$$K_{3'} = K_{1'} = \frac{1}{\sqrt{2}} K_2. \tag{2.49}$$

Aus der Lösung der SCHRÖDINGER-Gleichung für das Ersatzmodell ergibt sich durch eine unitäre Transformation (die Umkehrung von Gl. (2.26)) die Lösung des eigentlich interessierenden Ausgangsproblems. Da bei der Transformation (2.26) C_2 in $C_{2'}$ übergeführt wird, stimmen — von einem unwichtigen Phasenfaktor abgesehen — die Wahrscheinlichkeitsamplituden b_2 und $b_{2'}$ für die beiden Modelle überein, und die uns speziell interessierende Anfangsbedingung

$$b_2(0) = 1, \quad b_1(0) = b_3(0) = 0 \tag{2.50}$$

überträgt sich in genau derselben Form auf das Ersatzmodell.

Betrachten wir somit ein Atom, das sich im Anfangszeitpunkt $t = 0$ im Niveau 2 bzw. 2′ befindet, so können wir sagen, die Wahrscheinlichkeit, dieses Atom zu einer späteren Zeit t noch im Ausgangsniveau anzutreffen, ist bei beiden Modellen die gleiche. Das Ersatzmodell hat nun — und deswegen haben wir es eingeführt — den großen Vorteil, daß man die Wirkung der Störung durch den induzierten Übergang $3 \leftrightarrow 1$, in qualitativer Form jedenfalls, leicht überblicken kann.

Nehmen wir zunächst an, daß sich die Störstrahlung genau in Resonanz mit dem atomaren Übergang befindet. Die Aufspaltung des Niveaus 1 (im Ersatzmodell) ist dann gemäß Gln. (2.48) symmetrisch und wird mit zunehmender Stärke der Störung — bei Vergrößerung von $|K_3|$ also — immer größer. Offenbar führt dies — falls wir annehmen, daß auch im Fall des gestörten induzierten Überganges $2 \leftrightarrow 1$ genau die Resonanzbedingung erfüllt ist ($\delta_2 = 0$) — im Ersatzmodell zu einer immer stärkeren Verstimmung der Übergänge $2' \leftrightarrow 1'$ und $2' \leftrightarrow 3'$, so daß die effektive Verweilzeit des Atoms im Ausgangszustand immer mehr vergrößert wird. Es tritt somit, wenn wir wieder in das ursprüngliche Modell zurückgehen, qualitativ der gleiche Effekt der Behinderung des induzierten Überganges $2 \rightarrow 1$ durch die Störung auf, wie wir ihn schon im vorhergehenden Abschnitt (im Fall einer irreversiblen Störung) gefunden haben.

Anders ist die Situation jedoch, wenn das Strahlungsfeld der Kreisfrequenz ω in bezug auf den Übergang $2 \leftrightarrow 1$ verstimmt, d. h., wenn δ_2 von Null verschieden ist. Es tritt dann, wenn man die Stärke der Störung stetig von Null an anwachsen läßt, bei einem geeigneten Wert von $|K_3|$ (für $|K_3| = |\delta_2|$ nämlich) im Ersatzmodell gerade der Fall ein, daß einer der Übergänge $2' \leftrightarrow 1'$ und $2' \leftrightarrow 3'$ in genaue Resonanz mit dem Strahlungsfeld gerät (s. Abb. 8), so daß die mittlere Lebensdauer des Niveaus 2 bzw. 2' unter diesen Umständen sogar kleiner werden kann als bei fehlender Störung, m. a. W., die Störung, falls ihre Stärke einen passenden Wert hat, behindert nicht den induzierten Übergang $2 \rightarrow 1$, sondern begünstigt ihn im Gegenteil.

Falls die Störung keinen genauen Resonanzcharakter besitzt ($\delta_3 \neq 0$), wird die Aufspaltung des Niveaus 1 gemäß Gl. (2.20) unsymmetrisch, und die Kopplungskonstanten $K_{1'}$ und $K_{3'}$ für die induzierten Übergänge im Ersatzmodell sind (betragsmäßig) nicht mehr gleich groß (s. Gln. (2.47)). Dadurch wird die Diskussion der

Wirkung des Störmechanismus an Hand des Ersatzmodells etwas komplizierter. Grundsätzlich treten natürlich die gleichen Effekte auf wie bei resonanter Störung.

Verblüffend erscheint auf den ersten Blick die Tatsache, daß im Fall $\delta_3 \neq 0$ sogar bei verschwindender Störung eine Aufspaltung des Niveaus 1 auftritt; aus Gl. (2.20) folgt ja (für $\delta_3 > 0$) im Limes $K_3 \to 0$

$$\varepsilon^{(-)} \to -\delta_3, \quad \varepsilon^{(+)} \approx \delta_3^{-1} |K_3|^2 \to 0, \tag{2.51}$$

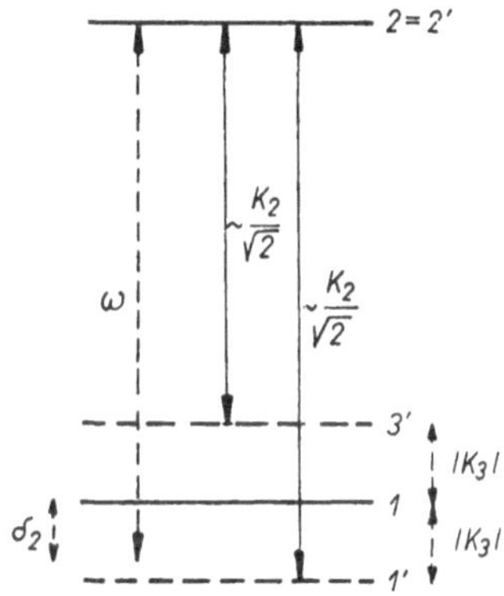

Abb. 8. Niveauaufspaltung unter dem Einfluß einer reversiblen Störung

d. h., das Niveau 1′ ist trotz fehlender Störung gegenüber dem Niveau 1 verschoben, während das Niveau 3′ mit 1 zusammenfällt. Die genannte Aufspaltung ist aber physikalisch bedeutungslos, da die für den Übergang 2′ ↔ 1′ zuständige Kopplungskonstante $K_{1'}$, wie aus Gln. (2.47) ersichtlich ist, für $K_3 \to 0$ verschwindet, so daß das Niveau 1′ gar nicht an der Wechselwirkung beteiligt ist. (Die zum Übergang 2′ ↔ 3′ gehörige Kopplungskonstante $K_{3'}$ geht im Limes $K_3 \to 0$ [K_3 positiv] gegen den Wert K_2. Damit wird im Fall verschwindender Störung das Ersatzmodell mit dem Ausgangsmodell identisch, wie es sein muß.)

Wir haben in diesem Abschnitt aus gutem Grund von Relaxationsprozessen abgesehen. Wir hätten nämlich, wenn wir die genannten Vorgänge wie in Abschn. 6.1 phänomenologisch durch einen Imaginärteil der jeweiligen Atomfrequenz ω_j berücksichtigt hätten, die obige unitäre Transformation nicht ausführen können, weil die Matrix M_3 dann nicht mehr hermitesch ist. Man kann sich aber leicht eine qualitative Vorstellung davon machen, welche Konsequenzen zusätzliche Relaxationsvorgänge auf den induzierten Übergang $2 \rightarrow 1$ haben werden. Da die Relaxationsvorgänge ein irreversibles Element in die Bewegung des Systems hineinbringen, wird man (entsprechend den Ergebnissen des vorangehenden Abschnitts) erwarten, daß speziell ein vom Niveau 3 ausgehender (nicht zu schwacher) Relaxationsvorgang — wegen des teilweise irreversiblen Charakters, den die Störung dadurch erhält — zu einer zusätzlichen Verbreiterung der durch Aufspaltung entstandenen Niveaus 1′ und 3′ Anlaß gibt, wobei damit zu rechnen ist, daß auch die Größe der Aufspaltung selbst von der Stärke der Relaxationsprozesse abhängt. Ein analoger Effekt wird auftreten, wenn an das Niveau 1 zusätzlich ein Relaxationsvorgang gekoppelt wird.

Unsere Ergebnisse zusammenfassend können wir also folgendes feststellen: Es tritt im allgemeinen eine Verminderung der Übergangswahrscheinlichkeit für den Prozeß der induzierten Emission ein, wenn das untere Niveau des betreffenden Überganges stark gestört wird, gleichgültig, ob es sich um eine reversible oder eine irreversible Störung handelt. Dieser Effekt ist am ausgeprägtesten für solche Atome, bei denen der induzierte Übergang (im Fall fehlender Störung) genauen Resonanzcharakter besitzt. Er äußert sich in abgeschwächter Form bei solchen Atomen, die in bezug auf das stimulierende elektromagnetische Feld verstimmt sind. In diesem Fall kann es sogar vorkommen, daß bei wachsender Stärke der Störung die Übergangswahrscheinlichkeit zunimmt. Bei irreversibler Störung gilt dies nach Gl. (1.12), solange die Verstimmung $\Delta\omega$ betragsmäßig groß gegenüber $\gamma_1/2$ ist; im Fall reversibler Störung kann die ursprüngliche Verstimmung mittels des Aufspaltungseffektes — durch passende Wahl der Stärke der Störung — gerade aufgehoben werden (wenigstens für eines der durch Aufspaltung entstandenen Niveaus). Während im ersten Fall die ursprünglich in Resonanz befindlichen Atome stets noch am stärksten an der Wechselwirkung beteiligt sind, kann im zweiten Fall das „Nachstimmen" des Atoms durch Änderung der Stärke der Störung zu einem Wert für die Übergangswahrscheinlichkeit führen, der größer ist als im Fall anfänglicher Resonanz (bei gleicher Stärke der Störung).

Wir bemerken noch, daß wir uns den gestörten Übergang nicht notwendig als einen induzierten Emissionsprozeß vorzustellen brauchen. Unsere Resultate — im besonderen, was die Niveauaufspaltung angeht — gelten auch für den Fall der Absorption, d. h. für die Anfangsbedingung $b_1(0) = 1$, $b_2(0) = b_3(0) = 0$ bei unserem obigen Problem der gegenseitigen Beeinflussung zweier induzierter Übergänge. (In der Tat ist ja die Transformation (2.22), die uns die Aufspaltung des Niveaus 1 lieferte, unabhängig von irgendwelchen Anfangsbedingungen.)

6.3. Experimentelle Nachprüfungen

Wir wollen nun noch kurz auf Experimente zu sprechen kommen, die durch die obigen theoretischen Überlegungen nahegelegt werden.

Der Effekt der Verminderung der Übergangswahrscheinlichkeit für den Prozeß der induzierten Emission wurde mit Hilfe eines He-Ne-Lasers untersucht, der gleichzeitig im roten sowie im infraroten Spektralbereich strahlt, wobei das untere Niveau der zugehörigen Übergänge das gleiche ist (s. [16] sowie [36]). Das Experiment verlief dabei in folgender Weise: Es wurde der mit der

Ausstrahlung der infraroten Linie verknüpfte Übergang als Störmechanismus aufgefaßt und dementsprechend in seiner Stärke (durch Änderung der Verluste des betreffenden Resonators) variiert. Statt nun die Intensität der roten Strahlung in Abhängigkeit von der Stärke der Störung zu messen, erwies es sich experimentell als günstiger, durch „Nachstellen“ der Resonatorverluste für die rote Strahlung den gestörten Laserprozeß stets bei konstanter mittlerer Photonenzahl (wenig oberhalb der Schwelle) ablaufen zu lassen. Es wurde also die bei Vergrößerung der Intensität der Störstrahlung auftretende Verminderung der Übergangswahrscheinlichkeit für den gestörten Laservorgang durch Verkleinerung der Verluste des entsprechenden Resonators gerade kompensiert.

Leider wird nun durch die thermische Bewegung der Atome — und die damit verbundene inhomogene Verbreiterung der Atomlinie — der Effekt der Verminderung der Übergangswahrscheinlichkeit stark „verwässert“, da ja, denken wir einmal an die Niveauaufspaltung unter dem Einfluß der Störung, (der Stärke der Störung entsprechend) jeweils andere Atome sich in Resonanz mit der (zum gestörten Laserübergang gehörigen) Strahlung befinden, und eine Verkleinerung der Übergangswahrscheinlichkeit für das aus allen Atomen bestehende Ensemble überhaupt nur deswegen zustande kommt, weil — gemäß dem Gaussförmigen Profil der Verteilungsfunktion für die Niveauabstände $\hbar\omega_{21}$ — mit wachsender Stärke der Störung immer weniger frequenzmäßig gerade passende Atome zur Verfügung stehen.

Weiterhin muß beachtet werden, daß eine gegenseitige Beeinflussung der beiden Laserübergänge auch schon bei (bezüglich der Störung) als konstant angenommenen Übergangswahrscheinlichkeiten für die induzierten Prozesse (also im Rahmen der Bilanzgleichungen) auftritt, und zwar deswegen, weil durch den einen Laserprozeß die Besetzungsverhältnisse für den anderen Laserprozeß geändert werden. Man muß den letzteren Effekt noch in

Abzug bringen, bevor man aus den experimentellen Resultaten Schlüsse auf eine — durch die Störung bedingte — Verminderung der Übergangswahrscheinlichkeit ziehen kann (s. [15]).

Durch die inhomogene Verbreiterung des Niveauabstandes $\hbar\omega_{21}$ der Atome wird eine genaue theoretische Behandlung des Problems sehr erschwert. Man müßte genaugenommen außerdem noch die Tatsache berücksichtigen, daß die induzierenden Stahlungsfelder nicht streng monochromatisch sind. (Dies trifft im besonderen Maße für die den Störmechanismus repräsentierende Strahlung zu, bei der im Fall großer Intensität mehrere Resonatoreigenschwingungen angeregt sind.) Von Brunner, Paul und Richter [15] wurde eine theoretische Behandlung des geschilderten Experimentes durchgeführt, wobei die inhomogene Verbreiterung der Atomlinie nur pauschal erfaßt wurde. Wenn daher auch die theoretischen Vorhersagen nicht übermäßig genau sein dürften, kann doch die festgestellte Übereinstimmung zwischen ihnen und den experimentell gefundenen Resultaten als eine gewisse Bestätigung des Effektes der Verminderung der Übergangswahrscheinlichkeit für einen Laserprozeß, bedingt durch die Ankopplung eines zweiten Laserüberganges, angesehen werden.

Ein anderes, leichter zu diskutierendes Experiment besteht in der direkten Beobachtung der Niveauaufspaltung, die durch einen (vorwiegend) reversiblen — durch einen Laserprozeß realisierten — Störmechanismus verursacht wird. Im Mikrowellenbereich wurde ein solches Experiment schon frühzeitig von Autler und Townes [2] ausgeführt und die Konzeption der Niveauaufspaltung (in methodisch anderer Weise, als wir es getan haben) theoretisch begründet. Genauer gesagt, es wurde die Frequenzabhängigkeit der, einem Übergang $1 \rightarrow 2$ entsprechenden, Mikrowellenabsorption eines Moleküls in dem Fall gemessen, daß noch eine zweite, mit einem anderen Übergang $1 \rightarrow 3$ des Moleküls (genähert) in Resonanz befindliche Mikrowelle eingestrahlt wurde. Es hatte also der Niveauabstand $\hbar\omega_{21}$ einen scharfen Wert, dagegen wurde die Kreisfrequenz ω der zu absorbierenden Strahlung variiert. Die Absorptionswahrscheinlichkeit zeigte dann — als Funktion von ω — direkt den Aufspaltungseffekt, i. e., es traten bei eingeschalteter Störung zwei Maxima im Absorptionsverlauf auf, und zwar an den Stellen

$$\omega^{(+)} = \omega_{21} - \varepsilon^{(+)} \quad \text{und} \quad \omega^{(-)} = \omega_{21} - \varepsilon^{(-)} \tag{3.1}$$

(mit $\varepsilon^{(\pm)}$ gemäß Gl. (2.20)).

Im Fall optischer Frequenzen kann man daran denken, die Niveauaufspaltung in Form einer entsprechenden Aufspaltung der Linie nachzuweisen, die bei einem, von dem betrachteten Niveau ausgehenden, spontanen Übergang emittiert wird. Daß in der Tat eine solche Beeinflussung des spontanen Emissionsvorganges zu erwarten ist, zeigt folgende Überlegung: Wir ändern zunächst unser früher betrachtetes Problem in der Weise ab, daß wir annehmen, daß ein induzierter Übergang durch Ankopplung eines zweiten induzierten Überganges an das obere (statt, wie bisher, an das untere) Niveau gestört wird (s. Abb. 9). Das Ergebnis (2.20) für die Aufspaltung des gestörten Niveaus bleibt dabei unverändert gültig. (Die Rechnung ist praktisch die gleiche wie früher, man hat nur bei der „rotating wave approximation" zu beachten, daß nun ω_{21} negativ ist.) Das Atom zeigt also (im Fall der Störung) eine besonders große „Bereitschaft", mit (monochromatischer) Strahlung der Kreisfrequenz

$$\omega^{+} = \omega_{12} + \varepsilon^{(+)} \quad \text{bzw.} \quad \omega^{-} = \omega_{12} + \varepsilon^{(-)} \tag{3.2}$$

in Wechselwirkung zu treten — gleichgültig, ob es sich um Absorption oder induzierte Emission handelt. Diese Eigenschaft des Atoms muß folglich auch zutage treten, wenn der Übergang $1 \rightarrow 2$ unter *spontaner* Ausstrahlung eines Lichtquants erfolgt. Sie wird sich dann in einer Aufspaltung der ursprünglichen Spektrallinie in zwei LORENTZ-Linien mit dem jeweiligen Zentrum bei den

(Kreis-)Frequenzen ω^+ und ω^- (entsprechend Gl. (3.2)) bemerkbar machen. (Explizite Rechnungen wurden von NOTKIN, RAUTIAN und FEOKTISTOW [47] sowie von STEUDEL [72] durchgeführt. Dabei zeigt sich, daß die Werte ω^+ und ω^- auch von der Stärke zusätzlich stattfindender Relaxationsvorgänge abhängen.)

Experimentell braucht man also nur die Linienform derjenigen Strahlung zu untersuchen, die ein normaler Laser

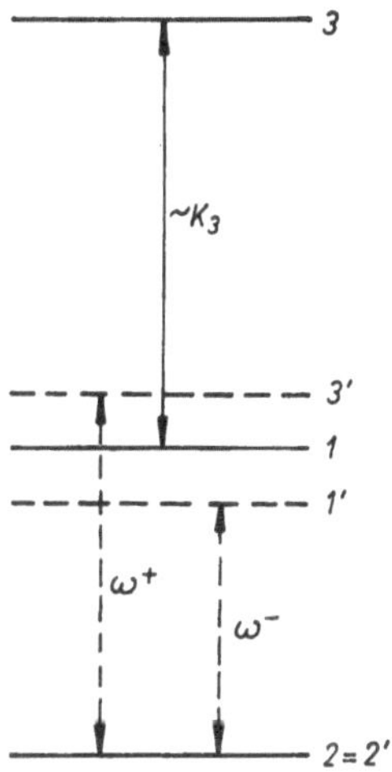

Abb. 9. Auswirkung der Niveauaufspaltung auf einen anschließenden spontanen Emissionsvorgang

(d. h. ein Laser, bei dem nur *ein* induzierter Übergang abläuft) infolge spontaner Emission emittiert, wobei das Ausgangsniveau des betreffenden spontanen Überganges mit dem unteren (oder oberen) Laserniveau identisch sein muß. Wegen der thermischen Bewegung der Atome ist insgesamt keine Aufspaltung der genannten spontan emittierten Linie zu beobachten — jedenfalls solange die Niveauaufspaltung (in Einheiten $\hbar$) kleiner als die DOPPLER-Breite der Strahlung ist, wie es in praxi der Fall ist —, denn es spaltet zwar jeweils die von einem

Atom definierter Geschwindigkeit (bezüglich der Resonatorachse) emittierte Linie auf, die einzelnen (aufgespaltenen) Linien überlagern sich jedoch, wenn wir über die Beiträge aller Atome zur Gesamtstrahlung summieren, und im Endeffekt kann nur eine Verbreiterung der Linie zustande kommen, für die also hauptsächlich solche Atome verantwortlich sind, die hinsichtlich ihrer (im ungestörten Fall) spontan ausgestrahlten Frequenz den Flanken der DOPPLER-Linie zuzuordnen sind. Eine derartige Verbreiterung einer spontan emittierten Linie konnte nun an einem He-Ne-Laser tatsächlich experimentell nachgewiesen werden (s. [37]).

Damit wollen wir die Problematik des stationär laufenden Lasers verlassen und uns zum Schluß noch mit dem Verstärkungsvorgang in einem invertierten Medium beschäftigen.

7. Der Laser-Verstärker

7.1. Theoretische Behandlung des Verstärkungsvorganges im HEISENBERG-*Bild*

Läuft eine elektromagnetische Welle durch ein Medium, in dem eine Besetzungsinversion erzeugt wurde, so wird sie offenbar — da die induzierte Emission gegenüber der Absorption überwiegt — verstärkt. Wir wollen diesen Vorgang in einem einfachen Modell etwas näher diskutieren.

Wir nehmen, um die Rechnungen nicht unnötig zu komplizieren, an, daß im Anfangszeitpunkt $t = 0$ nur eine einzige Eigenschwingung des Strahlungsfeldes angeregt ist. Da wir an ein von außen eingestrahltes Feld denken, bestehen anfangs keine Korrelationen zwischen dem Strahlungsfeld und dem Atomsystem. Das Ensemble der Atome, die wir wieder als voneinander unabhängige

Zwei-Niveau-Systeme idealisieren, befinde sich anfänglich in einem Zustand „negativer Temperatur", d. h., es liege – verursacht durch einen vorangehenden Pumpprozeß – eine Besetzungsinversion vor, und die Dichtematrix des Ensembles sei diagonal in der Energie-Darstellung. Daraus folgt dann im besonderen, daß die Atome keine elektrischen Dipolmomente (im Sinn des quantenmechanischen Erwartungswertes) besitzen. Während des zur Zeit $t = 0$ beginnenden Wechselwirkungsprozesses zwischen dem Strahlungsfeld und den Atomen werde nicht mehr gepumpt, und es sollen auch keine Relaxationsvorgänge stattfinden, so daß also allein durch induzierte Emission die Inversion der Atome „abgebaut" wird.

Wir setzen weiterhin voraus, daß wir es mit einer – im Verhältnis zur mittleren Photonenzahl im Ausgangszustand – sehr großen Gesamtinversion σ_0 zu tun haben (was sich in jedem Fall dadurch erreichen läßt, daß man die Zahl der Atome genügend groß wählt). Dann ist für kleine Zeiten die Wirkung der Strahlung auf das gesamte Ensemble der Atome sehr gering. (Nur wenige Atome – im Vergleich zur Gesamtzahl der Atome – werden unter dem Einfluß des Strahlungsfeldes ihren Zustand, sei es durch induzierte Emission oder Absorption, ändern.) Umgekehrt kann die Beeinflussung des Strahlungsfeldes durch die Atome – die Verstärkung der elektromagnetischen Welle also – schon sehr beträchtlich sein. Beschränken wir uns auf solche Zeiten, in denen die Änderung des Zustandes des Atomsystems unter der Einwirkung des Strahlungsfeldes noch klein ist, so können wir auch die mit der Anregung anderer Eigenschwingungen des elektromagnetischen Feldes verknüpfte spontane Emission der Atome vernachlässigen, da sie auf den Verstärkungsvorgang praktisch keinen Einfluß haben wird. Wir können also annehmen, daß zu allen betrachteten Zeiten nur eine Eigenschwingung angeregt ist.

Unter den obigen Voraussetzungen lassen sich nun, wie wir gleich zeigen werden, die quantenmechanischen

Bewegungsgleichungen für den Verstärkungsprozeß (im HEISENBERG-Bild) in sehr einfacher Weise lösen (s. [69]).

Die in Rede stehenden Gleichungen haben wir in Abschn. 5.1 bereits hergeleitet. Gemäß Gln. (1.32) und (1.36) in Kapitel 5 lauten sie, wenn wir den Index λ wieder unterdrücken und annehmen, daß die Niveauabstände $\hbar\varepsilon_\mu$ der Atome alle gleich sind und außerdem Resonanz vorliegt $(\varepsilon_\mu = \omega)$,

$$\dot{q}^+ = i\omega q^+ + i\sum_\mu k^{(\mu)*}\, a_\mu^+\,, \tag{1.1}$$

$$\dot{a}_\mu^+ = i\omega a_\mu^+ - i k^{(\mu)}\, \sigma_\mu q^+ \tag{1.2}$$

mit

$$\sigma_\mu \equiv [a_\mu^+, a_\mu] \tag{1.3}$$

(s. Gl. (1.29), Kapitel 5).

Da wir uns nur für das Strahlungsfeld interessieren, empfiehlt es sich, die Atomoperatoren im obigen Gleichungssystem zu eliminieren. Zu diesem Zweck separieren wir zunächst die ungestörte Zeitabhängigkeit gemäß dem Ansatz

$$q^+(t) = \tilde{q}^+(t)\, e^{i\omega t}, \qquad a_\mu^+(t) = \tilde{a}_\mu^+(t)\, e^{i\omega t}; \tag{1.4}$$

aus Gln. (1.1) und (1.2) wird so

$$\dot{\tilde{q}}^+ = i\sum_\mu k^{(\mu)*}\, \tilde{a}_\mu^+\,, \tag{1.5}$$

$$\dot{\tilde{a}}_\mu^+ = -\, i k^{(\mu)}\, \sigma_\mu \tilde{q}^+. \tag{1.6}$$

Differenzieren wir jetzt Gl. (1.5) noch einmal und setzen für $\dot{\tilde{a}}_\mu^+$ den durch Gl. (1.6) gegebenen Wert ein, so erhalten wir die folgende Differentialgleichung zweiter Ordnung für $\tilde{q}^+$

$$\ddot{\tilde{q}}^+ = \sum_\mu |k^{(\mu)}|^2\, \sigma_\mu \tilde{q}^+. \tag{1.7}$$

Denken wir beim Strahlungsfeld der Einfachheit halber wieder an eine laufende ebene Welle, so hängt die Größe $|k^{(\mu)}|^2$ von μ nicht ab ($|k^{(\mu)}|^2 = k^2$), und Gl. (1.7) nimmt die einfache Form

$$\ddot{\tilde{q}}^+ = k^2 \sigma \tilde{q}^+ \tag{1.8}$$

an, wobei

$$\sigma \equiv \sum_\mu \sigma_\mu \tag{1.9}$$

den Operator der Gesamtinversion bezeichnet.

Nun stellt Gl. (1.8) offenbar noch nicht das gewünschte Ergebnis dar. Es liegt nun nahe, die störende Abhängigkeit der rechten Seite dieser Gleichung von σ dadurch zu beseitigen, daß man den genannten Operator näherungsweise durch seinen Erwartungswert im Anfangszeitpunkt $t = 0$ ersetzt, also

$$\sigma(t) \approx \langle \sigma(0) \rangle \equiv \sigma_0 \tag{1.10}$$

schreibt.

Für nicht zu große Zeiten t ist zunächst, wie oben erläutert, die Vernachlässigung der zeitlichen Änderung von $\sigma(t)$ in guter Näherung gerechtfertigt. Der Übergang von $\sigma(0)$ zu dem entsprechenden Erwartungswert bedeutet eine weitere Näherung, die durch eine störungstheoretische Entwicklung begründet werden kann (s. [27]).

Da bei jeder Erzeugung eines Photons die Gesamtinversion um den Wert 2 abnimmt (weil das Atom, welches das Lichtquant ausgestrahlt hat und dabei aus dem oberen Niveau 2 in das tiefere Niveau 1 übergegangen ist, in der Differenz $N_2 - N_1$ der Besetzungszahlen der Niveaus offenbar zweimal gezählt wird), gilt, wenn unter $\bar{n}$ die mittlere Photonenzahl des Strahlungsfeldes verstanden wird,

$$\bar{n}(t) - \bar{n}(0) = -2\big(\langle \sigma(t) \rangle - \langle \sigma(0) \rangle\big), \tag{1.11}$$

und die Näherung (1.10) ist somit zulässig, solange die Ungleichung

$$\frac{\sigma_0 - \langle \sigma(t) \rangle}{\sigma_0} = \frac{1}{2} \frac{\bar{n}(t) - \bar{n}(0)}{\sigma_0} \ll 1 \tag{1.12}$$

erfüllt ist.

Durch die Ersetzung gemäß Gl. (1.10) wird also Gl. (1.8) linearisiert, und wir können die Lösung in der (für die Befriedigung der Anfangsbedingung zweckmäßigen) Form

$$\tilde{q}^+(t) = C_1 \cosh \gamma t + C_2 \sinh \gamma t \tag{1.13}$$

mit

$$\gamma = \sqrt{k^2 \sigma_0} \tag{1.14}$$

angeben.

Die Größen C_1 und C_2 ergeben sich dabei aus der Anfangsbedingung

$$\tilde{q}^+(0) = q^+(0), \qquad \dot{\tilde{q}}^+(0) = i \sum_\mu k^{(\mu)*} a_\mu^+(0) \tag{1.15}$$

(wobei die letztere Beziehung aus Gl. (1.5) folgt) zu

$$C_1 = q^+(0), \qquad C_2 = \frac{i}{\gamma} \sum_\mu k^{(\mu)*} a_\mu^+(0), \tag{1.16}$$

so daß also unter Verwendung von Gl. (1.4) explizit geschrieben werden kann

$$q^+(t) = e^{i\omega t} \cosh \gamma t \, q^+(0) + e^{i\omega t} \sinh \gamma t \, A^+(0), \tag{1.17}$$

wobei wir die Abkürzung

$$A^+ = \frac{i}{\gamma} \sum_\mu k^{(\mu)*} a_\mu^+ \tag{1.18}$$

eingeführt haben.

Der Operator $A^+(0)$ beinhaltet somit (zusammen mit der Konstante γ) die für den Verstärkungsvorgang bedeutsame Information über das Atomsystem. Wegen der im Anfangszeitpunkt vorausgesetzten Diagonalität der (in der Energie-Darstellung aufgeschriebenen) Dichtematrix für das Ensemble der Atome sowie der vorausgesetzten statistischen Unabhängigkeit der Atome zur Zeit $t = 0$ gilt

$$\langle A^+(0)\rangle = 0 \tag{1.19}$$

und

$$\langle A^+(0) A(0)\rangle = \frac{1}{\gamma^2} \sum_{\mu} |k^{(\mu)}|^2 \langle a_\mu^+(0)\, a_\mu(0)\rangle \tag{1.20}$$

oder, da der Operator $a_\mu^+ a_\mu$ nach Gl. (1.24), Kapitel 5, die Besetzungszahl für das obere Niveau 2 des μ-ten Atoms repräsentiert und wegen Gl. (1.14),

$$\langle A^+(0) A(0)\rangle = \frac{k^2}{\gamma^2} N_2^0 = \frac{N_2^0}{\sigma_0} \tag{1.21}$$

mit N_2^0 als mittlerer Zahl der anfänglich angeregten Atome.

Entsprechend findet man die Beziehung

$$\langle A(0) A^+(0)\rangle = \frac{N_1^0}{\sigma_0}, \tag{1.22}$$

wobei N_1^0 die Zahl der im Anfangszeitpunkt im unteren Niveau 1 befindlichen Atome bezeichnet.

Wir können nun aus Gl. (1.17) leicht physikalische Folgerungen ziehen. Bilden wir dort zunächst den quantenmechanischen Erwartungswert, so erhalten wir unter Beachtung von Gl. (1.19) die Relation

$$\langle q^+(t)\rangle = e^{i\omega t} \cosh \gamma t\, \langle q^+(0)\rangle, \tag{1.23}$$

woraus nach Gl. (1.3'), Kapitel 5, für den Erwartungswert der elektrischen Feldstärke folgt

$$\langle \boldsymbol{E}(\boldsymbol{r}, t) \rangle = \cosh \gamma t \, [\boldsymbol{a}(\boldsymbol{r}) e^{-i\omega t} \langle q(0) \rangle + \boldsymbol{a}^*(\boldsymbol{r}) \, e^{i\omega t} \langle q^+(0) \rangle]$$
$$= \cosh \gamma t \, \langle \boldsymbol{E}^{(0)}(\boldsymbol{r}, t) \rangle. \tag{1.24}$$

Hier bezeichnet $\boldsymbol{E}^{(0)}(\boldsymbol{r}, t)$ den der ungestörten zeitlichen Entwicklung entsprechenden Operator der elektrischen Feldstärke.

Gl. (1.24) besagt also, daß ein exponentielles Anwachsen von $\langle \boldsymbol{E}(\boldsymbol{r}, t) \rangle$ stattfindet — vorausgesetzt, daß schon im Anfangszeitpunkt der Erwartungswert der elektrischen Feldstärke von Null verschieden ist. Falls $\langle \boldsymbol{E}(\boldsymbol{r}, 0) \rangle$ verschwindet, gilt dies auch für alle späteren Zeiten; das bedeutet, wenn die Phase des elektromagnetischen Feldes anfangs statistisch verteilt ist, so bleibt dies auch im Verlauf des Verstärkungsvorganges so, was einleuchtet, da der Verstärkungsprozeß selbst keinen Wert der Phase bevorzugen kann (solange der anfängliche Erwartungswert des Operators des elektrischen Dipolmomentes für das Atomsystem verschwindet!).

Für die mittlere Photonenzahl ergibt sich aus Gl. (1.17) der folgende Ausdruck

$$\bar{n}(t) \equiv \langle q^+(t) q(t) \rangle = \langle q^+(0) q(0) \rangle \cosh^2 \gamma t$$
$$+ \langle A^+(0) A(0) \rangle \sinh^2 \gamma t = \bar{n}(0) \cosh^2 \gamma t + \frac{N_2^0}{\sigma_0} \sinh^2 \gamma t \tag{1.25}$$

(wobei die Gln. (1.19) und (1.21) benutzt wurden). Dabei wurde noch beachtet, daß im Anfangszeitpunkt keine Korrelationen zwischen dem Strahlungsfeld und dem Atomsystem existieren, so daß „gemischte" Erwartungswerte der Form $\langle q^+(0) A(0) \rangle$, $\langle q(0) \, A^+(0) \rangle$ faktorisiert werden können.

Die mittlere Photonenzahl zur Zeit t setzt sich also

aus zwei Anteilen zusammen, von denen der eine proportional zu $\bar{n}(0)$ ist und daher den Effekt der „echten" induzierten Emission repräsentiert, während der andere unabhängig von dem eingestrahlten Feld ist und somit das (durch induzierte Emission verstärkte!) Rauschen infolge spontaner Emission (in die betrachtete Eigenschwingung!) wiedergibt.

In Übereinstimmung mit dieser Interpretation von Gl. (1.25) stehen auch die Aussagen, die man hinsichtlich der Kohärenzeigenschaften des Strahlungsfeldes machen kann. Bevor wir auf Kohärenzfragen eingehen, wollen wir zuvor die Bedingung (1.12), die den Gültigkeitsbereich unserer Näherung kennzeichnet, explizit formulieren. Setzt man in der Ungleichung (1.12) die Lösung (1.25) ein, so entsteht

$$\frac{1}{2}\,\frac{\bar{n}(0)+\dfrac{N_2^0}{\sigma_0}}{\sigma_0}\sinh^2\gamma t \ll 1\,, \qquad (1.11')$$

und man erkennt, daß diese Ungleichung selbst für sehr große Werte von $\sinh^2\gamma t$ erfüllt ist, falls nur die Inversion σ_0 einen genügend großen Wert besitzt, genauer gesagt, wenn bei festgehaltener relativer Inversion $\sigma_0/(N_1^0 + N_2^0)$ die Gesamtzahl der Atome hinreichend groß gewählt wird.

Um das Kohärenzproblem zu diskutieren, müssen wir uns zunächst Klarheit über den Begriff der Kohärenz verschaffen. Wir wollen unter einem kohärenten Zustand des elektromagnetischen Feldes einen solchen verstehen, bei dem die elektrische Feldstärke wenig schwankt (was im besonderen impliziert, daß die Phase einigermaßen scharf ist). Das bedeutet quantitativ, wir bezeichnen einen Zustand des Strahlungsfeldes als kohärent, wenn die zeitlich (über einige Lichtperioden) gemittelte Streuung der elektrischen Feldstärke

$$\eta \equiv \overline{\langle(\boldsymbol{E}-\langle\boldsymbol{E}\rangle)^2\rangle} = \overline{\langle\boldsymbol{E}^2\rangle} - \overline{\langle\boldsymbol{E}\rangle^2} \qquad (1.26)$$

möglichst klein — im Verhältnis zu $\overline{\langle \boldsymbol{E}^2 \rangle}$ — ist. (Der durch den Querstrich angedeutete zeitliche Mittelungsprozeß ist im Fall einer laufenden ebenen Welle äquivalent einer räumlichen Mittelung.) Umgekehrt sprechen wir von (vollständiger) Inkohärenz, wenn der Erwartungswert der elektrischen Feldstärke verschwindet und η damit seinen Maximalwert $\eta_{\max} = \overline{\langle \boldsymbol{E}^2 \rangle}$ annimmt.

Drücken wir die Größe (1.26) unter Verwendung von Gl. (1.3'), Kapitel 5, durch die Erzeugungs- und Vernichtungsoperatoren aus, so erhalten wir, falls wir nur eine Eigenschwingung des Strahlungsfeldes betrachten, die folgende Darstellung

$$\begin{aligned}\eta &= \boldsymbol{a}^2(\boldsymbol{r})\,\overline{e^{-2i\omega t}}\,[\langle \tilde{q}^2 \rangle - \langle \tilde{q} \rangle^2] + \boldsymbol{a}^{*2}(\boldsymbol{r})\,\overline{e^{2i\omega t}}\,[\langle \tilde{q}^{+2} \rangle - \langle \tilde{q}^+ \rangle^2] \\ &\quad + |\boldsymbol{a}(\boldsymbol{r})|^2\,[\langle q^+ q \rangle + \langle q q^+ \rangle - 2\langle q^+ \rangle \langle q \rangle] \\ &= 2\,|\boldsymbol{a}(\boldsymbol{r})|^2 \left[\langle q^+ q \rangle + \frac{1}{2} - \langle q^+ \rangle \langle q \rangle\right].\end{aligned} \tag{1.27}$$

Wir können daher einfacher die Größe

$$\zeta \equiv \langle q^+ q \rangle - \langle q^+ \rangle \langle q \rangle \tag{1.28}$$

zur quantitativen Beschreibung des Kohärenzverhaltens benutzen.

Es liegt nun die Frage nahe, welche Zustände des elektromagnetischen Feldes im Sinne der obigen Kohärenzdefinition als maximal kohärent anzusehen sind. Die entsprechende Minimalforderung für η bzw. ζ (bei vorgegebener mittlerer Photonenzahl) führt eindeutig auf die sogenannten GLAUBER-Zustände des elektromagnetischen Feldes (s. [66, 24, 57, 50]), die für eine Eigenschwingung des Strahlungsfeldes explizit lauten

$$|\alpha\rangle = \sum_n e^{-\frac{1}{2}|\alpha|^2} \frac{\alpha^n}{\sqrt{n!}}\,|n\rangle \tag{1.29}$$

($|n\rangle$ Zustand mit n Photonen). Die Größe α bezeichnet eine komplexe Zahl, die im SCHRÖDINGER-Bild zeitabhängig ist und deren Bedeutung klar wird, wenn man die an Hand der Definitionsgleichung (1.29) für $|\alpha\rangle$ leicht zu verifizierenden Relationen

$$q|\alpha\rangle = \alpha\,|\alpha\rangle, \qquad \langle\alpha|q^+ = \alpha^*\langle\alpha| \tag{1.30}$$

betrachtet. Aus (1.30) folgt ja im besonderen

$$\langle\alpha|q|\alpha\rangle = \alpha, \qquad \langle\alpha|q^+|\alpha\rangle = \alpha^* \tag{1.31}$$

sowie

$$\langle\alpha|q^+q|\alpha\rangle = |\alpha|^2, \tag{1.32}$$

so daß also das Absolutquadrat von α die mittlere Photonenzahl angibt und die Phase ϑ von $\alpha = |\alpha| \exp\{-i\vartheta\}$, wie man aus der Gleichung

$$\begin{aligned}\langle\alpha|\boldsymbol{E}|\alpha\rangle &= \boldsymbol{a}(\boldsymbol{r})\langle\alpha|q|\alpha\rangle + \boldsymbol{a}(\boldsymbol{r})^*\langle\alpha|q^+|\alpha\rangle \\ &= \alpha\,\boldsymbol{a}(\boldsymbol{r}) + \alpha^*\boldsymbol{a}(\boldsymbol{r})^*\end{aligned} \tag{1.33}$$

(s. (1.3′), Kapitel 5) erkennt, als (mittlere) momentane Phase $\omega t + \varphi$ der elektrischen Feldstärke zu interpretieren ist. Diese beiden Aussagen zusammenfassend kann man einfach sagen, die Größe α repräsentiert die zeitabhängige komplexe Amplitude der elektrischen Feldstärke (in geeigneten Einheiten). Da die elektrische Feldstärke auch im Fall eines GLAUBER-Zustandes noch schwankt, kann man die komplexe Amplitude nicht als scharf ansehen; erst im Limes großer Photonenzahlen ist die entsprechende Unschärfe bedeutungslos, und wir können α mit der (zeitabhängigen) *klassischen* Amplitude der elektrischen Feldstärke identifizieren.

Berechnet man nun die Größe ζ (Gl. (1.28)) für einen GLAUBER-Zustand $|\alpha\rangle$, so erhält man unter Beachtung der Gln. (1.31) und (1.32) sogleich den Wert Null.

Wir untersuchen nun die Änderung der Kohärenzeigenschaften eines Strahlungsfeldes infolge des Verstärkungsvorganges. Nach Gln. (1.25) und (1.23) gilt für die das Kohärenzverhalten kennzeichnende Größe ζ (Gl. (1.28)) in unserem Fall explizit

$$\begin{aligned}\zeta(t) &= \langle q^+(0)\,q(0)\rangle \cosh^2\gamma t + \frac{N_2^0}{\sigma_0}\sinh^2\gamma t \\ &\quad - \langle q^+(0)\rangle\langle q(0)\rangle \cosh^2\gamma t \\ &= \zeta(0)\cosh^2\gamma t + \frac{N_2^0}{\sigma_0}\sinh^2\gamma t. \qquad (1.34)\end{aligned}$$

Der erste Term auf der rechten Seite der letzten Gleichung entspricht offenbar einem Vorgang, bei dem die Kohärenz exakt erhalten bleibt, während der zweite Summand eine prinzipielle (vom Zustand der anfangs eingestrahlten Welle unabhängige) Kohärenzverschlechterung zum Ausdruck bringt, die offensichtlich als Verstärkerrauschen zu interpretieren ist und ihre Ursache in der spontanen Emission (und der Verstärkung auch der spontan emittierten Quanten!) hat. Das Verstärkerrauschen führt im besonderen dazu, daß ein anfänglich maximal kohärenter Zustand $|\alpha\rangle$ des Strahlungsfeldes (der nach dem Obigen durch $\zeta(0) = 0$ zu kennzeichnen ist) im Verlauf des Verstärkungsprozesses in einen Zustand mit verschlechterten Kohärenzeigenschaften $(\zeta(t) > 0)$ übergeht.

7.2. Verstärkungsvorgang und Phase des elektromagnetischen Feldes

Die Diskussion des Verstärkungsvorganges mit Hilfe eines Laser-Verstärkers gibt nun die Möglichkeit, auf experimentellem Wege (zumindest im Gedankenexperiment) Aussagen über die Phase der elektrischen Feldstärke im Bereich mikroskopischer Intensitäten zu erhalten. Dies ist vor allem deswegen von grundsätzlicher Bedeutung, weil man zwar mit Hilfe des HEITLERschen Phasenoperators (s. Gl. (8.19), Kapitel 5) Größen wie den Erwartungswert der Phase, die Streuung der Phase usf. formal ausrechnen kann, aber keine Vorstellung darüber existiert, wie eine Meßapparatur (im Prinzip) beschaffen sein sollte, die entsprechende Messungen durchzuführen gestattet. Der HEITLERsche Phasenoperator Φ, der ohne Zweifel im Fall makroskopischer Intensitäten (also großer Photonenzahlen) physikalisch sinnvoll ist, hängt, was den mikroskopischen Bereich angeht, wegen seiner rein formalen Einführung sozusagen in der Luft. Überdies treten auch schon formale Komplikationen auf, wenn der Vakuumzustand $|0\rangle$ des Strahlungsfeldes merklich angeregt ist. Es gilt nämlich $\langle 0|\exp\{i\Phi\}\exp\{-i\Phi\}|0\rangle = 0$ statt 1, wie es bei einem hermiteschen Operator Φ der Fall sein müßte (s. (5.11), 5.12)).

Man kann nun den im vorhergehenden Abschnitt diskutierten Verstärkungsprozeß als eine „Sonde" zur Untersuchung der Phase (und genausogut auch der Amplitude, die uns aber im folgenden nicht interessieren soll) des ursprünglichen (eingestrahlten) Feldes benutzen in der Weise, daß man die Phasenverteilung nach der Verstärkung mißt und daraus Rückschlüsse auf die ursprünglich vorliegende Verteilung der Phase zieht. Nach dem Obigen vergrößert zwar das Verstärkerrauschen die Streuung der elektrischen Feldstärke und gibt damit auch Anlaß zu einer zusätzlichen Phasenunschärfe; da der entsprechende Rauschbeitrag aber unabhängig vom speziellen Zustand des eingestrahlten Feldes ist, bringt der Verstärkungsvorgang nur einen systematischen Fehler in die Resultate hinein, so daß man aus der nach der Verstärkung gemessenen Verteilungsfunktion für die möglichen Werte der Phase durchaus noch Information über das ursprüngliche Verhalten der Phase entnehmen kann. Im besonderen erscheint folgender Schluß gerechtfertigt: Wenn bei Vergleich zweier verschiedener Strahlungsfelder nach der Verstärkung die Phase des einen Feldes sich als schärfer erweist (also weniger streut) als die des anderen, so kann man diese Aussage auf die ursprünglichen (noch nicht verstärkten) Strahlungsfelder „extrapolieren".

Die Phasenmessung nach der Verstärkung — bei makroskopischen Intensitäten also — ist unproblematisch. Man könnte sie beispielsweise so durchführen, daß man ein Interferenzexperiment mit einem (unabhängigen) Vergleichsstrahl gleicher Frequenz und Intensität sowie bekannter Phase vornimmt (s. [50]). Aus der Lage der Interferenzstreifen kann man dann den Wert der gesuchten Phase ablesen. Dieser Wert wird — bei Wiederholung des Experimentes unter den gleichen Bedingungen — von Fall zu Fall verschieden sein, die Messung an einem Ensemble von in gleicher Weise „präparierten" Strahlungsfeldern liefert dann erst die gewünschte Verteilungsfunktion $W(\varphi)$.

Nun wollen wir die Funktion $W(\varphi)$ natürlich theoretisch (in Abhängigkeit von der Wellenfunktion des ursprünglichen Strahlungsfeldes) ausrechnen. Dazu benötigen wir die Kenntnis der Dichtematrix für das verstärkte Strahlungsfeld. Nun ist es glücklicherweise nicht erforderlich, die SCHRÖDINGER-Gleichung für den in Abschn. 7.1 (im HEISENBERG-Bild) behandelten Verstärkungsvorgang explizit zu lösen; wir können vielmehr mit einem mathematisch recht raffinierten Verfahren die fragliche Dichtematrix direkt aus unserer Lösung (1.17) für $q^+(t)$ berechnen. (Dies ist im Prinzip klar, denn die Erzeugungs- und Vernichtungsoperatoren sind die „fundamentalen" Operatoren für das Strahlungsfeld, aus denen sich alle anderen Strahlungsfeldoperatoren aufbauen lassen, so daß Gl. (1.17) bereits die *gesamte* Information über das Strahlungsfeld enthält. Das Problem besteht nur darin, sie möglichst geschickt aus der genannten Gleichung „herauszuholen".)

Bevor wir auf die Berechnung des Dichteoperators eingehen, wollen wir noch die Frage klären, wie wir mit seiner Hilfe die gesuchte Verteilungsfunktion $W(\varphi)$ finden. Offenbar sind wir an einer Darstellung des Dichteoperators in bezug auf eine solche Basis interessiert, bei der die einzelnen Vektoren einem definierten Wert der Phase und (da dies zur Kennzeichnung nicht ausreicht) auch der Amplitude jeweils entsprechen. Die genannten physikalischen Größen brauchen dabei nicht mikroskopisch scharf zu sein (in der Tat wäre eine solche Forderung prinzipiell nicht erfüllbar), es genügt, wenn sie mit klassischer Genauigkeit festgelegt sind. Als entsprechende Zustände des elektromagnetischen Feldes bieten sich dann gerade die im vorhergehenden Abschnitt eingeführten GLAUBER-Zustände an, die den klassischen elektromagnetischen Feldern scharfer Phase und Amplitude am besten korrespondieren.

Das Problem der Darstellung eines Dichteoperators bezüglich der Zustände $|\alpha\rangle$ wurde von GLAUBER [24] erschöpfend behandelt. Im Normalfall läßt sich ein Dichteoperator ϱ für ein (in einer einzigen Eigenschwingung angeregtes) Strahlungsfeld in der Form

$$\varrho = \int P(\alpha)\, |\alpha\rangle \langle\alpha|\, \mathrm{d}^2\alpha \qquad (2.1)$$

schreiben, wobei die Integration über die komplexe α-Ebene zu erstrecken ist. Die Größe $d^2\alpha$ bezeichnet das Flächenelement

$$\mathrm{d}^2\alpha = \mathrm{d}\,\mathrm{Re}\,\alpha \cdot \mathrm{d}\,\mathrm{Im}\,\alpha \qquad (2.2)$$

oder, wenn wir zu Polarkoordinaten übergehen,

$$\mathrm{d}^2\alpha = |\alpha|\, \mathrm{d}\,|\alpha|\, \mathrm{d}\Theta \qquad (\alpha = |\alpha|\, e^{i\Theta}). \qquad (2.3)$$

Die Funktion $P(\alpha)$ ist nicht notwendig positiv definit (in kleinen Bereichen kann sie auch einmal negative Werte annehmen), mit einem solchen „pathologischen" Fall ist aber im Makroskopischen nicht zu rechnen. In der Tat wird die explizite Lösung des uns interessierenden Verstärkungsproblems eine Funktion $P(\alpha)$ liefern, für die (bei genügend großem Verstärkungsgrad) $P(\alpha) \geqq 0$ gilt. Damit steht dann der Interpretation von $P(\alpha)$ als *klassischer* Verteilungsfunktion für die komplexe Amplitude nichts im Wege, d. h., $P(\alpha)\, \mathrm{d}^2\alpha$ ist als Wahrscheinlichkeit dafür anzusehen, daß die komplexe Amplitude den Wert α mit dem Spielraum $d^2\alpha$ besitzt. (Diese Interpretation ist im mikroskopischen Bereich problematisch, da die Zustände $|\alpha\rangle$ keine orthogonale Basis darstellen; sie ist jedoch zulässig im makroskopischen Bereich, mit dem wir es ja zu tun haben, weil dann die GLAUBER-Zustände praktisch orthogonal werden.)

Nun ist allerdings noch zu beachten, daß — wie im Anschluß an Gl. (1.33) erwähnt — die Phase ϑ von $\alpha = |\alpha| \exp\{-i\vartheta\}$ dem Momentanwert $\omega t + \varphi$ der klassischen Phase der elektrischen Feldstärke entspricht, d. h., die Größe α korrespondiert der zeitabhängigen komplexen Amplitude der elektrischen Feldstärke. Die uns eigentlich interessierende Verteilungsfunktion $\tilde{P}(\tilde{\alpha})$ für die (im Fall eines freien Feldes) zeitlich konstante komplexe Amplitude $\tilde{\alpha}$ erhalten wir somit aus der Beziehung

$$\tilde{P}(\tilde{\alpha}) = P(\tilde{\alpha}\, e^{-i\omega t}). \tag{2.4}$$

Die Funktion $\tilde{P}(\tilde{\alpha})$ repräsentiert gerade den Dichteoperator des Strahlungsfeldes in bezug auf GLAUBER-Zustände, die sich ungestört zeitlich entwickeln. Aus Gl. (2.1) folgt ja, wenn wir die Substitution

$$\alpha = \tilde{\alpha}\, e^{-i\omega t} \tag{2.5}$$

der Integrationsvariablen vornehmen (die offenbar einfach eine Drehung der α-Ebene beschreibt),

$$\begin{aligned} \varrho &= \int P(\tilde{\alpha}\, e^{-i\omega t})\, |e^{-i\omega t}\,\tilde{\alpha}\rangle \langle e^{-i\omega t}\,\tilde{\alpha}|\, d^2\tilde{\alpha} \\ &= \int \tilde{P}(\tilde{\alpha})\, |e^{-i\omega t}\,\tilde{\alpha}\rangle \langle e^{-i\omega t}\,\tilde{\alpha}|\, d^2\tilde{\alpha}. \end{aligned} \tag{2.6}$$

Die Größe

$$W(\varphi)\, d\varphi = \int_0^\infty \tilde{P}(\tilde{\alpha})\, |\tilde{\alpha}|\, d|\tilde{\alpha}|\, d\varphi \quad (\tilde{\alpha} = |\tilde{\alpha}|\, e^{-i\varphi}) \tag{2.7}$$

schließlich gibt dann die gesuchte Wahrscheinlichkeit dafür an, daß der Wert der Phase im Intervall $\varphi \ldots \varphi + d\varphi$ liegt.

7.3. Allgemeiner Formalismus zur Berechnung des Dichteoperators

Das Problem der Ermittlung des Dichteoperators $\varrho(t)$ für das verstärkte elektromagnetische Feld läßt sich in sehr eleganter Weise lösen, wenn man — nach einer auf H. WEYL zurückgehenden Methode — den genannten Operator nach einem vollständigen System von Operatoren, nämlich den unitären Operatoren

$$\Omega(\xi, \eta) \equiv e^{i(\xi Q + \eta P)} \tag{3.1}$$

entwickelt (s. [23]). Hier bezeichnen Q und P die aus den Erzeugungs- und Vernichtungsoperatoren durch Linearkombination entstehenden kanonisch adjungierten Größen

$$Q = \sqrt{\frac{\hbar}{2}}\,(q + q^+), \tag{3.2}$$

$$P = \frac{1}{i}\sqrt{\frac{\hbar}{2}}\,(q - q^+), \tag{3.3}$$

und ξ, η sind reelle Parameter, deren Werte jeweils von $-\infty$ bis $+\infty$ laufen.

Die Operatoren (3.1) sind orthogonal im Sinne der Gleichung

$$Sp\,[\Omega(\xi', \eta')\,\Omega^+(\xi, \eta)] = \frac{2\pi}{\hbar}\,\delta(\xi' - \xi)\,\delta(\eta' - \eta), \tag{3.4}$$

und sie bilden ein vollständiges System, so daß sich (von „unvernünftigen“ Ausnahmen abgesehen) jeder Operator G in der Form

$$G = \frac{\hbar}{2\pi} \int_{-\infty}^{\infty} d\xi' \int_{-\infty}^{\infty} d\eta'\, G(\xi', \eta')\,\Omega(\xi', \eta') \tag{3.5}$$

entwickeln läßt, wobei $G(\xi', \eta')$ eine c-Zahlfunktion bezeichnet. (Ein Beweis der Gln. (3.4) und (3.5) findet sich in [23][1]).) Multiplizieren wir Gl. (3.5) von rechts mit $\Omega^+(\xi, \eta)$ und bilden die Spur, so gelangen wir zu der folgenden expliziten Darstellung für die Funktion $G(\xi, \eta)$

$$G(\xi, \eta) = Sp\,[G\Omega^+(\xi, \eta)]\,. \tag{3.6}$$

In dem uns interessierenden Fall eines in Wechselwirkung mit einem Atomsystem stehenden Strahlungsfeldes haben wir es zunächst mit einem Dichteoperator ϱ_{tot} für das Gesamtsystem: Atome + Strahlungsfeld zu tun, aus dem wir durch Spurbildung bezüglich des HILBERT-Raums für die Atome den gesuchten Dichteoperator ϱ für das Strahlungsfeld allein erhalten.

Die formale Lösung der SCHRÖDINGER-Gleichung für ϱ_{tot} lautet bekanntlich

$$\varrho_{\text{tot}}(t) = e^{-\frac{i}{\hbar}Ht}\,\varrho_{\text{tot}}(0)\,e^{\frac{i}{\hbar}Ht} \tag{3.7}$$

mit H als dem Gesamt-HAMILTON-Operator für das betrachtete System.

Der Dichteoperator für das Strahlungsfeld nimmt daher die folgende Gestalt an

$$\varrho(t) = Sp_{\text{At}}\left(e^{-\frac{i}{\hbar}Ht}\,\varrho_{\text{tot}}(0)\,e^{\frac{i}{\hbar}Ht}\right). \tag{3.8}$$

Wir entwickeln nun diesen Operator entsprechend der allgemeinen Beziehung (3.5), schreiben also

$$\varrho(t) = \frac{\hbar}{2\pi}\int_{-\infty}^{\infty} d\xi \int_{-\infty}^{\infty} d\eta\, \varrho(\xi, \eta; t)\, \Omega(\xi, \eta) \tag{3.9}$$

mit

$$\varrho(\xi, \eta; t) = Sp_{\text{Str}}\,[\varrho(t)\,\Omega^+(\xi, \eta)] \tag{3.10}$$

als sogenannter „dynamischer charakteristischer Funktion“.

---

[1]) Man beachte dabei, daß in dieser Arbeit der Faktor $1/\hbar$ in Gl. (3.4) und entsprechend der Faktor $\hbar$ in Gl. (3.5) versehentlich weggelassen wurden.

Setzt man hier für $\varrho(t)$ den Ausdruck (3.8) ein, so erkennt man, daß insgesamt eine Spurbildung bezüglich des Gesamt-HILBERT-Raumes vorzunehmen ist (die wir einfach mit dem Symbol Sp bezeichnen). Wir erhalten so die Relation

$$\varrho(\xi, \eta; t) = Sp\left(e^{-\frac{i}{\hbar}Ht} \varrho_{\text{tot}}(0)\, e^{\frac{i}{\hbar}Ht} \Omega^{+}(\xi, \eta)\right). \tag{3.11}$$

Nun darf man bei der Spuroperation bekanntlich die Reihenfolge der Operatoren gemäß der Beziehung

$$Sp(BC) = Sp(CB) \tag{3.12}$$

vertauschen (s. z. B. [45]). Wir können so Gl. (3.11) umformen in

$$\varrho(\xi, \eta; t) = Sp\left(\varrho_{\text{tot}}(0)\, e^{\frac{i}{\hbar}Ht} \Omega^{+}(\xi, \eta)\, e^{-\frac{i}{\hbar}Ht}\right). \tag{3.13}$$

Der hier auftretende Ausdruck

$$\Omega^{+}(\xi, \eta; t) \equiv e^{\frac{i}{\hbar}Ht} \Omega^{+}(\xi, \eta)\, e^{-\frac{i}{\hbar}Ht} \tag{3.14}$$

stellt nun offenbar gerade den Operator dar, der — bei Betrachtung der Bewegung des Systems im HEISENBERG-Bild — infolge der zeitlichen Entwicklung des Systems aus dem Operator $\Omega^{+}(\xi, \eta)$ hervorgeht, m. a. W., es gilt, wenn wir die explizite Gestalt (3.1) von $\Omega(\xi, \eta)$ beachten,

$$\Omega^{+}(\xi, \eta; t) = e^{-i[\xi Q(t) + \eta P(t)]}, \tag{3.15}$$

wobei $Q(t)$ und $P(t)$ die Lösungen der HEISENBERGschen Bewegungsgleichungen sind, die wir auf Grund unserer Kenntnis von $q^{+}(t)$ (Gl. (1.17)) leicht explizit angeben können. Setzt man die Lösung (1.17) in Gln. (3.2) und

(3.3) ein, so entsteht nach einer kleinen Rechnung

$$Q(t) = [Q(0)\cos\omega t + P(0)\sin\omega t]\cosh\gamma t + [\pi(0)\cos\omega t + \chi(0)\sin\omega t]\sinh\gamma t, \tag{3.16}$$

$$P(t) = [P(0)\cos\omega t - Q(0)\sin\omega t]\cosh\gamma t + [\chi(0)\cos\omega t - \pi(0)\sin\omega t]\sinh\gamma t, \tag{3.17}$$

wobei die Atomoperatoren π und χ in analoger Weise wie die Operatoren Q und P definiert wurden, nämlich durch die Gleichungen

$$\pi = \sqrt{\frac{\hbar}{2}}\,(A + A^+) \tag{3.18}$$

und

$$\chi = \frac{1}{i}\sqrt{\frac{\hbar}{2}}\,(A - A^+) \tag{3.19}$$

(mit A^+ gemäß Gl. (1.18)).

Damit haben wir also eine Darstellung der Form

$$\varrho(\xi, \eta; t) = Sp\,\{\varrho_{\text{tot}}(0)\,e^{-i[\xi Q(t)+\eta P(t)]}\} \tag{3.20}$$

für die dynamische charakteristische Funktion des Strahlungsfeldes gefunden. Der hier im Exponenten auftretende Operator kann, wie man leicht nachrechnet, unter Verwendung der Gln. (3.16) und (3.17) umgeformt werden in

$$-i\,[\xi Q(t) + \eta P(t)] = -i[\xi(t)Q(0) + \eta(t)P(0)]\cosh\gamma t - i\,[\xi(t)\,\pi(0) + \eta(t)\,\chi(0)]\sinh\gamma t, \tag{3.21}$$

wobei die ungestörte Zeitabhängigkeit von den Operatoren Q und P bzw. π und χ auf die Variablen ξ und η

„abgewälzt“ wurde gemäß der Definition

$$\xi(t) = \xi \cos \omega t - \eta \sin \omega t, \tag{3.22}$$

$$\eta(t) = \xi \sin \omega t + \eta \cos \omega t. \tag{3.23}$$

(Offenbar beschreibt das vorstehende Gleichungssystem, als Transformation aufgefaßt, eine Drehung der ξ, η-Ebene um den Winkel $+ \omega t$.)

Wir machen nun Gebrauch von der Voraussetzung, daß im Anfangszeitpunkt keine Korrelationen zwischen dem Strahlungsfeld und den Atomen bestehen, so daß sich der Dichteoperator $\varrho_{\text{tot}}(0)$ als direktes Produkt zweier Anteile $\varrho(0)$ und $\varrho_{\text{At}}(0)$ schreiben läßt, die sich auf das Strahlungsfeld bzw. das Atomsystem beziehen.

Weiterhin berücksichtigen wir, daß Strahlungsfeld- und Atomoperatoren im Anfangszeitpunkt kommutieren und der Exponentialoperator in Gl. (3.20) daher — entsprechend der Zerlegung (3.21) — ebenfalls faktorisiert werden kann. Aus Gl. (3.20) folgt so

$$\varrho(\xi, \eta; t) = Sp_{\text{Str}}\{\varrho(0)\, e^{-i[\xi(t)Q(0)+\eta(t)P(0)]\cosh \gamma t}\} \\ \times Sp_{\text{At}}\{\varrho_{\text{At}}(0)\, e^{-i[\xi(t)\pi(0)+\eta(t)\chi(0)]\sinh \gamma t}\}. \tag{3.24}$$

Schließlich haben wir noch einen Zusammenhang zwischen der Funktion $\varrho(\xi, \eta; t)$ und der zugehörigen Funktion $P(\alpha; t)$, die gemäß Gl. (2.1) den Dichteoperator $\varrho(t)$ in der GLAUBER-Darstellung repräsentiert, herzustellen. Zu diesem Zweck multiplizieren wir Gl. (2.1) von rechts mit $\Omega^+(\xi, \eta)$ und bilden die Spur. Wir erhalten so die Relation

$$\varrho(\xi, \eta; t) = Sp_{\text{Str}}[\varrho(t)\, \Omega^+(\xi, \eta)] = \int P(\alpha; t) \\ \times \langle \alpha | \Omega^+(\xi, \eta) | \alpha \rangle\, d^2\alpha. \tag{3.25}$$

Aus Gründen formaler Bequemlichkeit ist es angebracht, die GLAUBER-Zustände in der Gestalt

$$|z\rangle = e^{-\frac{|z|^2}{4\hbar}} \sum_n \frac{1}{\sqrt{n!}} \left(\frac{z}{\sqrt{2\hbar}}\right)^n |n\rangle \tag{3.26}$$

zu schreiben, also die komplexe Amplitude z der elektrischen Feldstärke in anderen Einheiten zu messen als im Fall der Gl. (1.29). Nach [23] gilt

$$\langle z|\, \Omega^+(\xi,\eta)\,|z\rangle = e^{-\frac{\hbar}{4}(\xi^2+\eta^2)}\, e^{-i(\xi x+\eta y)} \quad (z = x+iy), \tag{3.27}$$

und Gl. (3.25) lautet (nachdem dort α durch z ersetzt wurde) explizit

$$\varrho(\xi,\eta;t) = e^{-\frac{\hbar}{4}(\xi^2+\eta^2)} \int_{-\infty}^{\infty} dx \int_{-\infty}^{\infty} dy\, P(x,y;t)\, e^{-i(\xi x+\eta y)} \quad (P(z;t) = P(x,y;t)). \tag{3.28}$$

Nach dem FOURIER-Theorem können wir diese Relation umkehren mit dem Ergebnis

$$P(x,y;t) = \frac{1}{(2\pi)^2} \int_{-\infty}^{\infty} d\xi \int_{-\infty}^{\infty} d\eta\, e^{\frac{\hbar}{4}(\xi^2+\eta^2)}\, e^{i(\xi x+\eta y)}\, \varrho(\xi,\eta;t). \tag{3.29}$$

Von direktem Interesse für uns ist die Verteilungsfunktion $\tilde{P}(\tilde{z};t) = \tilde{P}(\tilde{x},\tilde{y};t)$ für die komplexe Amplitude $\tilde{z} = \tilde{x} + i\tilde{y}$, die von der ungestörten Zeitabhängigkeit befreit ist. Nach Gln. (2.4) und (3.29) gilt

$$\tilde{P}(\tilde{x},\tilde{y};t) = \frac{1}{(2\pi)^2} \int_{-\infty}^{\infty} d\xi \int_{-\infty}^{\infty} d\eta\, e^{\frac{\hbar}{4}(\xi^2+\eta^2)}\, e^{i(\xi x+\eta y)}\, \varrho(\xi,\eta;t), \tag{3.30}$$

wobei der Vektor (x, y) mit demjenigen Vektor zu identifizieren ist, der aus $(\tilde{x}, \tilde{y})$ durch Drehung um $-\omega t$ hervorgeht. Offenbar ist es zweckmäßig, die ξ, η-Ebene um den entgegengesetzten Winkel zu drehen, also

$$(\xi + i\eta) = (\xi' + i\eta')\, e^{-i\omega t} \tag{3.31}$$

zu substituieren. Wegen der Invarianz von $\xi^2 + \eta^2$ sowie $\xi x + \eta y$ gegenüber einer Drehung können wir dann schreiben

$$\tilde{P}(\tilde{x}, \tilde{y}; t) = \frac{1}{(2\pi)^2} \int_{-\infty}^{\infty} \mathrm{d}\xi' \int_{-\infty}^{\infty} \mathrm{d}\eta'\, e^{\frac{\hbar}{4}(\xi'^2+\eta'^2)}\, e^{i(\xi'\tilde{x}+\eta'\tilde{y})}\, \varrho(\xi, \eta; t). \tag{3.32}$$

In der Funktion $\varrho(\xi, \eta; t)$ sind dabei die Variablen ξ und η entsprechend Gl. (3.31) durch ξ' und η' auszudrücken.

Nun hängt $\varrho(\xi, \eta; t)$, wie aus Gl. (3.24) zusammen mit Gln. (3.22) und (3.23) ersichtlich ist, nur über die Größen $\xi(t)$ und $\eta(t)$ von ξ und η ab, die — zu einem Vektor zusammengefaßt — durch Drehung des Vektors (ξ, η) um $+\omega t$ entstanden sind, und die letztgenannte Drehung wird durch die Substitution (3.31) gerade wieder rückgängig gemacht. Wir finden daher, wenn wir die Integrationsvariablen ξ', η' wieder in ξ, η umbenennen, das folgende Endergebnis

$$\tilde{P}(\tilde{x}, \tilde{y}; t) = \frac{1}{(2\pi)^2} \int_{-\infty}^{\infty} \mathrm{d}\xi \int_{-\infty}^{\infty} \mathrm{d}\eta\, e^{\frac{\hbar}{4}(\xi^2+\eta^2)}\, e^{i(\xi\tilde{x}+\eta\tilde{y})}\, \tilde{\varrho}(\xi, \eta; t) \tag{3.33}$$

mit

$$\tilde{\varrho}(\xi, \eta; t) = Sp_{\mathrm{Str}}\left\{\varrho(0)\, e^{-i[\xi Q(0)+\eta P(0)]\cosh \gamma t}\right\} \times Sp_{\mathrm{At}}\left\{\varrho_{\mathrm{At}}(0)\, e^{-i[\xi\pi(0)+\eta\chi(0)]\sinh \gamma t}\right\}. \tag{3.34}$$

Damit haben wir also die ungestörte Zeitabhängigkeit aus den Formeln vollständig eliminiert.

Mit den Gln. (3.33) und (3.34) haben wir unser Problem im Prinzip gelöst. Es handelt sich nun „nur noch“ darum, die Funktion $\tilde{P}(\tilde{x}, \tilde{y}; t)$ explizit auszurechnen. Die entsprechende Rechnung ist recht aufwendig, wir wollen daher nur die wesentlichen Zwischenergebnisse notieren. (Näheres s. [3] sowie [4].)

7.4. *Explizite Ergebnisse*

Wir setzen voraus, daß sich im Anfangszeitpunkt alle Atome im gleichen quantenmechanischen Zustand befinden und keine Korrelationen zwischen den Atomen bestehen. Das bedeutet im Formalismus, wir setzen den Dichteoperator $\varrho_{\mathrm{At}}(0)$ in der Form

$$\varrho_{\mathrm{At}}(0) = \varrho_1 \times \varrho_2 \times \cdots \times \varrho_N \tag{4.1}$$

an, wobei die Operatoren $\varrho_1, \varrho_2, \ldots, \varrho_N$ (N Gesamtzahl der Atome) — abgesehen davon, daß sie sich auf verschiedene Teil-HILBERT-Räume beziehen — identisch sind. Weiterhin seien die Dichteoperatoren $\varrho_1, \varrho_2, \ldots, \varrho_N$ diagonal in der Energiedarstellung. Die in Gl. (3.34) zu bildende Spur bezüglich des HILBERT-Raumes der Atome ergibt sich dann zu

$$\begin{aligned} &Sp_{\mathrm{At}}\left\{\varrho_{\mathrm{At}}(0)\, e^{-i[\xi\pi(0)+\eta\chi(0)]\sinh\gamma t}\right\} \\ &\quad = \cos^N\left(\sqrt{\frac{\hbar}{2}\,\frac{\xi^2+\eta^2}{\sigma_0}}\,\sinh\gamma t\right) \end{aligned} \tag{4.2}$$

(s. [23]).

Nun enthält, wie wir unten sehen werden (s. Gln. (4.9) und (4.10)), der erste Faktor in Gl. (3.34) eine „Abschneidefunktion“

$$f(\xi,\eta) = e^{-\frac{\hbar}{4}(\xi^2+\eta^2)\cosh^2\gamma t}, \tag{4.3}$$

die — da wir $\cosh \gamma t$ als groß gegen Eins voraussetzen, also eine merkliche Verstärkung annehmen — einerseits den divergierenden Faktor $\exp \{(\xi^2 + \eta^2)\, \hbar/4\}$ in Gl. (3.33) „unschädlich" macht und andererseits die Integration in der genannten Gleichung praktisch auf den Bereich

$$\frac{\hbar}{4} (\xi^2 + \eta^2) \cosh^2 \gamma t \lesssim 1 \tag{4.4}$$

beschränkt.

Die Funktion (4.2) ist offenbar (wegen der ungeheuer großen Potenz) nur in der unmittelbaren Nähe der Stellen von Null verschieden, an denen der Kosinus den Wert Eins annimmt, d. h. für die gilt

$$\frac{\hbar}{2} \frac{\xi^2 + \eta^2}{\sigma_0} \sinh^2 \gamma t = (\nu \pi)^2 \qquad (\nu = 0, 1, 2, \ldots). \tag{4.5}$$

Da σ_0 sehr viel größer als Eins ist, liegt der ($\nu = 1$ entsprechende) erste Kreis schon im Abschneidebereich der Funktion (4.3), so daß im Integral (3.33) die Werte der Funktion (4.2) nur in der Umgebung des Koordinatenursprungs von Bedeutung sind. Wir können daher den Kosinus in Gl. (4.2) entwickeln gemäß

$$\cos \beta \approx 1 - \frac{1}{2} \beta^2 \tag{4.6}$$

und die rechte Seite dieser Gleichung wieder durch eine Exponentialfunktion approximieren, also den gesamten Ausdruck (4.2) annähern durch

$$Sp_{\mathrm{At}} \{\varrho_{\mathrm{At}}(0)\, e^{-i[\xi \pi(0) + \eta \chi(0)] \sinh \gamma t}\} \approx e^{-\frac{N\hbar}{4} \frac{\xi^2+\eta^2}{\sigma_0} \sinh^2 \gamma t}. \tag{4.7}$$

Als Anfangszustand für das Strahlungsfeld wählen wir den allgemeinsten reinen Zustand und entwickeln ihn zweckmäßig nach den Zuständen $|n\rangle$ scharfer Photonenzahl in der Form

$$\psi(0) = \sum_n c_n \, |n\rangle . \tag{4.8}$$

Die in Gl. (3.34) vorzunehmende Spurbildung bezüglich des HILBERT-Raumes für das Strahlungsfeld ist dann gleichbedeutend mit der Berechnung des Erwartungswertes

$$\begin{aligned} & Sp_{\text{Str}} \{\varrho(0)\, e^{-i[\xi Q(0)+\eta P(0)] \cosh \gamma t}\} \\ &= \langle \psi(0) \mid e^{-i[\xi Q(0)+\eta P(0)] \cosh \gamma t} \mid \psi(0) \rangle \\ &= \sum_{nn'} c_{n'}^* \, c_n \, \langle n' \mid e^{-i[\xi Q(0)+\eta P(0)] \cosh \gamma t} \mid n \rangle . \end{aligned} \tag{4.9}$$

Die hier auf der rechten Seite auftretenden Matrixelemente lauten explizit

$$\langle n' \mid e^{-i[\xi Q(0)+\eta P(0)] \cosh \gamma t} \mid n \rangle$$
$$= \begin{cases} (-i\mu^*)^{n'-n} \sqrt{\dfrac{n!}{n'!}}\, L_n^{n'-n}(|\mu|^2)\, e^{-\frac{1}{2}|\mu|^2} & \text{für } n' \geq n \\[2ex] (-i\mu)^{n-n'} \sqrt{\dfrac{n'!}{n!}}\, L_{n'}^{n-n'}(|\mu|^2)\, e^{-\frac{1}{2}|\mu|^2} & \text{für } n \geq n' . \end{cases} \tag{4.10}$$

Dabei wurde die Abkürzung

$$\mu = \sqrt{\frac{\hbar}{2}}\, (\xi - i\eta) \cosh \gamma t \tag{4.11}$$

verwendet, und L_n^m bezeichnet das zugeordnete LAGUERREsche Polynom.

Damit sind alle Formeln bereitgestellt, um die ξ, η-Integration in Gl. (3.33) ausführen zu können. Man tut dies zweckmäßig durch Übergang zu Polarkoordinaten. Die Winkelintegration liefert dann BESSEL-Funktionen, und die anschließende Integration über den Radius erweist sich als eine HANKEL-Transformation.

Insgesamt ergibt sich so der folgende Ausdruck für $\tilde{P}(\tilde{x}, \tilde{y}; t)$, wenn wir $\tilde{x}$ und $\tilde{y}$ gemäß der Beziehung

$$\tilde{x} + i\tilde{y} = w e^{-i\varphi} \tag{4.12}$$

durch die Amplitude w und die Phase φ des elektromagnetischen Feldes ausdrücken und die Entwicklungskoeffizienten c_n für den Ausgangszustand des Strahlungsfeldes in der Form

$$c_n = |c_n|\, e^{i\Theta_n} \tag{4.13}$$

schreiben,

$$\tilde{P}(\tilde{x}, \tilde{y}; t) \equiv W(w, \varphi; t) =$$

$$= \frac{1}{\pi} \sum_{n'>n} \Bigg\{ [\cos(n'-n)\varphi \cos(\Theta_n - \Theta_{n'})$$

$$+ \sin(n'-n)\varphi \sin(\Theta_n - \Theta_{n'})] \sqrt{\frac{n!}{n'!}} \left(\sqrt{\frac{\hbar}{2}}\right)^{n'-n} |c_{n'}|\,|c_n|$$

$$\times \frac{(s - \hbar \cosh^2 \gamma t)^n}{s^{n'+1}} w^{n'-n} e^{-\frac{w^2}{2s}} L_n^{n'-n}(c w^2) \cosh^{n'-n} \gamma t \Bigg\}$$

$$+ \frac{1}{2\pi} \sum_n{}' |c_n|^2 \frac{e^{-\frac{w^2}{2s}}}{s} \left(\frac{s - \hbar \cosh^2 \gamma t}{s}\right)^n L_n(c w^2) \tag{4.14}$$

mit den Abkürzungen

$$s = \hbar \frac{N_2^0}{\sigma_0} \sinh^2 \gamma t \tag{4.15}$$

und

$$c = \frac{1}{2s} \frac{\hbar \cosh^2 \gamma t}{\hbar \cosh^2 \gamma t - s} \tag{4.16}$$

(s. [3, 4]).

Interessieren wir uns nur für die Verteilung der Phase φ, so haben wir noch entsprechend Gl. (2.7) über w zu integrieren, nämlich den Ausdruck

$$W(\varphi;t)=\int_0^\infty W(w,\varphi;t)\,w\,\mathrm{d}w \tag{4.17}$$

zu bilden. Die Funktion $W(\varphi;t)$ ist dabei schon richtig auf Eins normiert, denn aus der (von α auf z umgeschriebenen) Gleichung (2.6), also der Relation

$$\varrho(t)=\int \tilde{P}(\tilde{z};t)\,|e^{-i\omega t}\tilde{z}\rangle\langle e^{-i\omega t}\tilde{z}|\,\mathrm{d}^2\tilde{z}, \tag{4.18}$$

folgt durch Spurbildung (unter Beachtung der Tatsache, daß die GLAUBER-Zustände (3.26) in der Form $\langle z|z\rangle=1$ normiert sind)

$$1=Sp\,\varrho(t)=\int \tilde{P}(\tilde{z};t)\,\mathrm{d}^2\tilde{z}=\int_0^\infty w\,\mathrm{d}w\int_0^{2\pi}\mathrm{d}\varphi\,W(w,\varphi;t). \tag{4.19}$$

Die Integration in Gl. (4.17) läßt sich nun ebenfalls exakt ausführen. Man stößt dabei auf die hypergeometrische Reihe und erhält das folgende explizite Resultat [3, 4]:

$$\begin{aligned}W(\varphi;t)=\frac{1}{2\pi}+\frac{1}{\pi}\sum_{n'>n}\Bigg\{&\cos\left[\Theta_n-\Theta_{n'}+(n-n')\,\varphi\right]\\ &\times\cosh^{n'-n}\gamma t\,\sqrt{\frac{n!}{n'!}}\left(\sqrt{\frac{\hbar}{2}}\right)^{n'-n}|c_{n'}|\,|c_n|\,\frac{(s-\hbar\cosh^2\gamma t)^n}{s^{n'+1}}\\ &\times\frac{\Gamma\left(\frac{n'-n+2}{2}\right)n'!}{2n!(n'-n)!}\,(2s)^{\frac{n'-n+2}{2}}\sum_{k=0}^{n}\alpha_k(n,n')\,(2cs)^k\Bigg\},\end{aligned} \tag{4.20}$$

wobei Γ die Gammafunktion bezeichnet und die Koeffizienten $\alpha_k(n, n')$ gegeben sind durch

$$\alpha_k(n, n') = \frac{(-n)_k \left(\frac{n' - n + 2}{2}\right)_k}{k!\,(n' - n + 1)_k} \quad \text{mit } (x)_0 = 1,$$

$$(x)_k = x(x+1)\ldots(x+k-1) \quad (k = 1, 2, \ldots). \tag{4.21}$$

7.5. Die Phasenunschärfe nach der Verstärkung

Aus mathematischen Gründen ist es zweckmäßig, als Maß für die Phasenunschärfe den Ausdruck

$$(\delta\varphi)^2 \equiv \langle\langle(\cos\varphi - \langle\langle\cos\varphi\rangle\rangle)^2\rangle\rangle + \langle\langle(\sin\varphi - \langle\langle\sin\varphi\rangle\rangle)^2\rangle\rangle, \tag{5.1}$$

also die Summe der quadratischen Streuung von $\cos\varphi$ und $\sin\varphi$, zu verwenden, der sich leicht umformen läßt in

$$(\delta\varphi)^2 = 1 - |\langle\langle\cos\varphi\rangle\rangle + i\langle\langle\sin\varphi\rangle\rangle|^2. \tag{5.2}$$

Dabei bedeutet das Symbol $\langle\langle\ldots\rangle\rangle$ Mittelung (über ein klassisches Ensemble) gemäß der Verteilungsfunktion (4.20).

Die Größe $(\delta\varphi)^2$ berechnet sich explizit zu

$$(\delta\varphi)^2 = 1 - \frac{\pi\hbar\cosh^2\gamma t}{4s}\left|\sum_n c^*_{n+1} c_n \sqrt{n+1}\right.$$
$$\left.\times\left(\frac{s - \hbar\cosh^2\gamma t}{s}\right)^n \sum_{k=0}^{n} \alpha_k(n, n+1)\,(2cs)^k\right|^2 \tag{5.3}$$

(s. [3, 4]).

Wir wollen uns nun überlegen, unter welchen Bedingungen der Verstärkungsvorgang das Eingangssignal am wenigsten „verfälscht“, d. h., in welchem Fall das

Verstärkerrauschen, relativ gesehen, den kleinsten Einfluß hat. Offenbar muß es so sein, daß möglichst wenige spontane Emissionsvorgänge im Verhältnis zu den induzierten stattfinden, genauer gesagt, im Verhältnis zu dem Überschuß der induzierten Emissions- gegenüber den Absorptionsprozessen (der ja für die Verstärkung maßgeblich ist). Die günstigste Situation liegt dann vor, wenn möglichst wenige Absorptionsakte stattfinden, i. e., wenn gilt

$$N_2^0 \gg N_1^0, \tag{5.4}$$

was die Beziehung

$$\frac{N_2^0}{\sigma_0} \approx 1 \tag{5.5}$$

impliziert.

Die Größe $s - \hbar \cosh^2 \gamma t$ in Gl. (5.3) nimmt dann näherungsweise den Wert $-\hbar$ an, und wir finden, wenn wir beachten, daß $\sinh \gamma t$ und $\cosh \gamma t$ für große Werte γt praktisch gleich sind, nach einer kleinen Rechnung die Beziehung

$$\left(\frac{s - \hbar \cosh^2 \gamma t}{s}\right)^n (2\,cs)^k \approx \frac{(-1)^n}{\sinh^{2(n-k)} \gamma t}. \tag{5.6}$$

Offenbar überwiegt dann in Gl. (5.3) der Summand für $k = n$, so daß wir ihn allein zu berücksichtigen brauchen, und die genannte Gleichung vereinfacht sich zu

$$(\delta\varphi)^2 = 1 - \left|\sum_n b_n\, c_{n+1}^*\, c_n\right|^2 \tag{5.7}$$

mit

$$b_n = \frac{\sqrt{\pi}\,\sqrt{n+1}\,(2n+1)!}{2^{2n+1}\, n!\,(n+1)!}. \tag{5.8}$$

Der asymptotische Wert von b_n für $n \to \infty$ ist, wie man mit Hilfe der Stirlingschen Formel leicht nachweist, gleich Eins, und die ersten vier Koeffizienten lauten

$$b_0 = 0{,}886, \quad b_1 = 0{,}940, \quad b_2 = 0{,}959, \quad b_3 = 0{,}969; \quad (5.9)$$

der asymptotische Wert wird also schnell erreicht.

Bemerkenswert ist, daß der Ausdruck (5.7) nicht mehr von der Zeit abhängt. Das bedeutet folgendes: Wenn erst einmal eine Mindestverstärkung stattgefunden hat (so daß $\sinh^2 \gamma t \gg 1$ gilt), ändert sich die Phasenunschärfe bei weiterer Verstärkung nicht mehr, was verständlich ist, weil dann der Beitrag der spontanen Emission bedeutungslos wird.

Für eine genäherte Berechnung von $(\delta\varphi)^2$ kann man b_n generell durch Eins ersetzen und erhält so das außerordentlich einfache Resultat

$$(\delta\varphi)^2 = 1 - \left|\sum_n c_{n+1}^* c_n\right|^2, \quad (5.10)$$

das also die Streuung der Phase nach der Verstärkung durch die Entwicklungskoeffizienten der ursprünglichen Wellenfunktion ausdrückt.

Dieses Ergebnis ist insofern sehr interessant, als es auch schon ganz formal unter Verwendung des HEITLERschen Phasenoperators hergeleitet werden kann. Berechnen wir nämlich $(\delta\varphi)^2$ gemäß Gl. (5.1) für den Anfangszustand des Strahlungsfeldes, wobei wir nun unter φ den HEITLERschen Phasenoperator Φ gemäß Gl. (8.19), Kapitel 5, verstehen und das Symbol $\langle\langle\cdots\rangle\rangle$ als quantenmechanische Erwartungswertbildung auffassen, so finden wir, wenn wir von den für den Phasenoperator Φ charakteristischen Relationen

$$e^{-i\Phi}\,|n\rangle = |n-1\rangle \quad (e^{-i\Phi}\,|0\rangle = 0), \quad (5.11)$$

$$e^{i\Phi}\,|n\rangle = |n+1\rangle \quad (5.12)$$

(s. z. B. [70]) Gebrauch machen und großzügig darüber hinwegsehen, daß die Relation

$$\langle n|\cos^2\Phi + \sin^2\Phi|n\rangle = 1 \quad (5.13)$$

für $n = 0$ nicht gilt (was äquivalent damit ist, daß wir gleich von Gl. (5.2) ausgehen), gerade die Gleichung (5.10). Das bedeutet also, die formal mit Hilfe des Phasenoperators ausgerechnete Phasenunschärfe stimmt (bis auf die durch Gln. (5.8) und (5.9) zum Ausdruck gebrachten Korrekturen) mit derjenigen Phasenunschärfe überein, die man nach der Verstärkung des Signals mit einem idealen Laser-Verstärker — zumindest im Prinzip — beobachten kann. Damit ist der Phasenoperator in Beziehung zu einer experimentellen Anordnung gesetzt.

Aus Gl. (5.10) ersieht man, daß Zustände möglichst scharfer Phase (im Sinn des HEITLERschen Phasenoperators) durch die Extremalforderung

$$\left|\sum_n c_{n+1}^* c_n\right|^2 = \text{Maximum} \tag{5.14}$$

(bei festgehaltener mittlerer Photonenzahl) zu definieren sind. Solche Zustände konnten bisher noch nicht explizit angegeben werden; fest steht jedoch, daß es sich nicht um die GLAUBER-Zustände handeln kann, da für diese die Größe $\left|\sum_n \sqrt{n+1}\; c_{n+1}^* c_n\right|^2$ maximal wird. Die GLAUBER-Zustände sind als solche Zustände des elektromagnetischen Feldes anzusprechen, bei denen ein „abgewogenes" Verhältnis zwischen Amplituden- und Phasenschwankungen besteht derart, daß die komplexe Amplitude möglichst wenig schwankt. Da die letztere Größe für den Ausfall von Interferenzexperimenten maßgeblich ist, liefern bekanntlich unabhängige monochromatische Lichtstrahlen, die jeweils durch einen GLAUBER-Zustand beschrieben werden, bei Interferenz ein optimales Interferenzmuster (s. [51, 57, 50]). Nichtsdestoweniger kann man sich aber mikroskopische Zustände des Strahlungsfeldes denken, bei denen die Phase schärfer definiert ist als im Fall der GLAUBER-Zustände, wobei die geringere Streuung der Phase dann mit einer größeren Amplitudenschwankung „erkauft" wird.

Literatur

[1] Armstrong, J. A., und Smith, A. W., Phys. Rev. L. **14** (1965) 68; Phys. Rev. **140** (1965) A 155.

[2] Autler, S. H., und Townes, C. H., Phys. Rev. **100** (1955) 703.

[3] Bandilla, A., Diplomarbeit (unveröffentlicht), Berlin 1967.

[4] Bandilla, A., und Paul, H., Ann. Physik (im Druck) (1969).

[5] Basow, N. G., und Prochorow, A. M., Žurn. ėksper. teor. Fiz. **27** (1954) 431.

[6] Bennett, W. R., Jr., Appl. Opt. Suppl. **1** (1962) 24.

[7] Born, M., Optik. Springer-Verlag, Berlin 1933, S. 482ff.

[8] Boyd, G. D., und Gordon, J. P., Bell System Tech. J. **40** (1961) 489.

[9] Brown, R. Hanbury, und Twiss, R. Q., Nature **177** (1956) 27.

[10] Brunner, W., Ann. Physik **20** (1967) 53.

[11] Brunner, W., Ann. Physik **22** (1968) 67.

[12] Brunner, W., Paul, H., und Rauh, D., Ann. Physik (im Druck) (1969).

[13] Brunner, W., Paul, H., und Richter, G., Ann. Physik **19** (1967) 417.

[14] Brunner, W., Paul, H., und Richter, G., Ann. Physik **21** (1968) 312.

[15] Brunner, W., Paul, H., und Richter, G., Ann. Physik **22** (1969) 119.

[16] Brunner, W., Paul, H., Richter, G., Hertz, J. H., und Hoffmann, K., Phys. Letters **24** A (1967) 692.

[17] Brunner, W., Paul, H., Richter, G., und Steudel, H., Ann. Physik **21** (1968) 187.

[18] Carruthers, P., und Nieto, M. M., Phys. Rev. L. **14** (1965) 387.

[19] Einstein, A., Physik. Zeitschr. **18** (1917) 121.

[20] Fleck, J. A., Jr., Phys. Rev. **149** (1966) 309, 322; **152** (1966) 278.

[21] Fox, A. G., und Li, T., Bell System Tech. J. **40** (1961) 453.
[22] Fried, B. D., und Conte, S. D., The Plasma Dispersion Function (Hilbert Transform of the Gaussian). Academic Press, New York 1961.
[23] Glassgold, A. E., und Holliday, D., Phys. Rev. **139** (1965) A 1717.
[24] Glauber, R. J., Phys. Rev. **131** (1963) 2766.
[25] Göppert-Mayer, M., Ann. Physik **9** (1931) 273.
[26] Gordon, J. P., Phys. Rev. **161** (1967) 367.
[27] Gordon, J. P., Walker, L. R., und Louisell, W. H., Phys. Rev. **130** (1963) 806.
[28] Gordon, J. P., Zeiger, H. J., und Townes, C. H., Phys. Rev. **95** (1954) 282.
[29] Gröbner, W., und Hofreiter, N., Integraltafel II. Springer-Verlag, Wien 1950.
[30] Gürs, K., Z. Naturforschg. **17** a (1962) 990.
[31] Haken, H., Z. Physik **181** (1964) 96.
[32] Haken, H., Z. Physik **182** (1965) 346.
[33] Haken, H., Risken, H., und Weidlich, W., Z. Physik **206** (1967) 355.
[34] Haken, H., und Sauermann, H., Z. Physik **173** (1963) 261.
[35] Heitler, W., The Quantum Theory of Radiation. 3rd Ed., Oxford University Press 1954.
[36] Hertz, J. H., und Hoffmann, K., Ann. Physik **22** (1969) 134.
[37] Hertz, J. H., Hoffmann, K., Brunner, W., Paul, H., Richter, G., und Steudel, H., Phys. Letters **26** A (1968) 156.
[38] Javan, A., Bennett, W. R., Jr., und Herriott, D. R., Phys. Rev. L. **6** (1961) 106.
[39] Jaynes, E. T., und Cummings, F. W., Proc. IEEE **51** (1963) 89.
[40] Kelley, P. L., und Kleiner, W. H., Phys. Rev. **136** (1964) A 316.
[41] Lamb, W. E., Jr., Phys. Rev. **134** (1964) A 1429.
[42] Lax, M., Phys. Rev. **145** (1966) 110.
[43] Lax, M., Phys. Rev. **157** (1967) 213.
[44] Lax, M., und Louisell, W. H., IEEE J. Qu. El. **3** (1967) 47.
[45] Ludwig, G., Die Grundlagen der Quantenmechanik. Springer-Verlag, Berlin 1954.
[46] Maiman, T. H., Nature **187** (1960) 493.
[47] Notkin, G. E., Rautian, S. G., und Feoktistow, A. A., Žurn. ėksper. teor. Fiz. **52** (1967) 1673.
[48] Paul, H., Ann. Physik **11** (1963) 411.

[49] PAUL, H., Ann. Physik **12** (1963) 290.
[50] PAUL, H., Fortschr. d. Phys. **14** (1966) 141.
[51] PAUL, H., BRUNNER, W., und RICHTER, G., Ann. Physik **12** (1963) 325.
[52] PAUL, H., BRUNNER, W., und RICHTER, G., Ann. Physik **16** (1965) 93.
[53] PAUL, H., und FRAHM, J., Ann. Physik **19** (1967) 216.
[54] POWER, E. A., und ZIENAU, S., Phil. Trans. Roy. Soc. A **251** (1959) 427.
[55] REBKA, G. A., und POUND, R. V., Nature **180** (1957) 1035.
[56] RICHTER, G., Ann. Physik **18** (1966) 331.
[57] RICHTER, G., BRUNNER, W., und PAUL, H., Ann. Physik **14** (1964) 239.
[58] RISKEN, H., Z. Physik **186** (1965) 85.
[59] RISKEN, H., Z. Physik **191** (1966) 302.
[60] RISKEN, H., und VOLLMER, H. D., Z. Physik **201** (1967) 323.
[61] RÖSS, D., Z. Naturforschg. **19 a** (1964) 1169.
[62] SAUERMANN, H., Z. Physik **188** (1965) 480.
[63] SAUERMANN, H., Z. Physik **189** (1966) 312.
[64] SCHAWLOW, A. L., und TOWNES, C. H., Phys. Rev. **112** (1958) 1940.
[65] SCHIFF, L. I., Quantum Mechanics. 2nd Ed., McGraw-Hill Book Co., New York 1955.
[66] SENITZKY, I. R., Phys. Rev. **95** (1954) 904.
[67] SENITZKY, I. R., Phys. Rev. **119** (1960) 670.
[68] SENITZKY, I. R., Phys. Rev. **124** (1961) 642.
[69] SERBER, R., und TOWNES, C. H., in: C. H. TOWNES (Ed.), Quantum Electronics. Columbia University Press, New York 1960, S. 233ff.
[70] SIEGMAN, A. E., Microwave Solid-State Masers. McGraw-Hill Book Co., New York 1964, S. 431ff.
[71] SOMMERFELD, A., Vorlesungen über Theoretische Physik, Bd. I Mechanik. Akademische Verlagsgesellschaft Geest und Portig, Leipzig 1949, S. 100f.
[72] STEUDEL, H., Ann. Physik **22** (1969) 113.
[73] SUSSKIND, L., und GLOGOWER, J., Physics **1** (1964) 49.
[74] WEIDLICH, W., und HAAKE, F., Z. Physik **185** (1965) 30.
[75] WEIDLICH, W., und HAAKE, F., Z. Physik **186** (1965) 203.
[76] WEIDLICH, W., RISKEN, H., und HAKEN, H., Z. Physik **201** (1967) 396; **204** (1967) 223.

Sachverzeichnis

Der Autor

- **entwickelt im Rahmen des Heisenberg-Bildes eine vollständig quantenmechanische Theorie der Laservorgänge**
- **leitet explizite Formeln für die Linienbreite und die Amplitudenfluktuationen der Laserstrahlung her**
- **läßt eine Theorie des Laser-Verstärkers folgen**
- **bringt eine Untersuchung der Phasenunschärfe des verstärkten Lichtstrahls, wobei sich ein neuer Zugang zum Heitlerschen Phasenoperator ergibt**

WISSENSCHAFTLICHE TASCHENBÜCHER

FSC
www.fsc.org
MIX
Papier | Fördert
gute Waldnutzung
FSC® C083411

Zeitfracht Medien GmbH
Ferdinand-Jühlke-Straße 7
99095 Erfurt, Deutschland
produktsicherheit@kolibri360.de